“创新设计思维”

数字媒体与艺术设计类新形态丛书

景观设计

手绘技法与快题设计

覃永晖　余祥晨＝主编

丁洁　杜健＝副主编

附微课视频

人民邮电出版社

北　京

图书在版编目（CIP）数据

景观设计手绘技法与快题设计 ：附微课视频 / 覃永晖，余祥晨主编. -- 北京 ：人民邮电出版社，2023.2
（"创新设计思维"数字媒体与艺术设计类新形态丛书）
ISBN 978-7-115-57658-3

Ⅰ. ①景… Ⅱ. ①覃… ②余… Ⅲ. ①景观设计—绘画技法 Ⅳ. ①TU986.2

中国版本图书馆CIP数据核字(2021)第208781号

内 容 提 要

本书注重知识的系统性和实用性。全书共 5 章，主要内容包括设计手绘基础、设计手绘上色表现技法、景观设计元素表现技法、效果图的表现技法、手绘技法在设计方案中的运用。

本书从零基础出发，对各类设计表达的方法和技巧做了详细的介绍和解析；同时，通过设计案例解析，对手绘技法在平面图、立剖面、鸟瞰图中的运用进行了归纳和总结，以进一步提升读者的手绘技能。

本书可作为普通高等学校视觉传达设计、建筑设计、环境设计、园林设计等专业相关课程的教材，也可作为从事平面设计、景观设计等行业设计师的参考书。

◆ 主　　编　覃永晖　余祥晨

副 主 编　丁　洁　杜　健

责任编辑　许金霞

责任印制　王　郁　陈　犇

◆ 人民邮电出版社出版发行　　北京市丰台区成寿寺路 11 号

邮编　100164　　电子邮件　315@ptpress.com.cn

网址　https://www.ptpress.com.cn

涿州市般润文化传播有限公司印刷

◆ 开本：787×1092　1/16

印张：8.25　　　　　　　　　　　2023 年 2 月第 1 版

字数：273 千字　　　　　　　　　2025 年 1 月河北第 3 次印刷

定价：69.80 元

读者服务热线：**(010)81055256**　印装质量热线：**(010)81055316**
反盗版热线：**(010)81055315**
广告经营许可证：京东市监广登字 20170147 号

前　言

　　随着新时代高等教育体系的不断完善，"快题设计"已成为各类高校设计类专业大学生应用实践能力培养的重要途径，也是各类高校设计类专业学生设计成果的展现，以及研究生入学考试、出国留学专业考核和行业企业入职测试的重要科目，还是考查设计工作者专业基本素养和专业技术能力的重要手段。在实际工作中，通过手绘方式快速表现景观的空间环境与物质要素，可以记录转瞬即逝的设计灵感，表现出设计者的专业基本功，是设计者与团队及客户进行沟通的高效媒介，能完成语言无法传达的视觉感受。本书以景观设计手绘技法为主要内容，满足相关专业学科发展和行业技术的需求，为建筑学、城乡规划、风景园林、环境设计及相关专业的学生和从业人员提供景观设计手绘方面的重要资料。

　　本书由湖南文理学院（第一单位）、长沙卓越设计教育机构（第二单位）联合编写。针对目前我国环境设计专业及相关专业的课程设置情况及教学特点搭建内容框架。本书主要包括三大部分内容：第一部分为设计手绘的概述，主要包括线条、透视、空间等关于设计手绘的基础知识，以及马克笔、彩铅的表现技法和材质表现技法，目的是使学生掌握手绘的基础理论知识，更好地理解空间和画面层次，学习马克笔和彩铅的上色技法；第二部分为设计手绘的表现，包括景观设计元素表现技法、效果图表现步骤和详细表现技法，目的是通过分析景观设计元素，学习造型、明暗关系、色彩、空间等多方面的技法，提高学生的表现能力和画面取舍能力；第三部分为手绘技法在设计方案中的运用，包括手绘技法在平面图、立剖面、鸟瞰图中的运用及景观快题设计方案解析等，目的是通过解析设计案例，使学生快速学会在快题设计中设计手绘的表现内容和表现方法。

　　本书编写成员情况如下。

　　（1）覃永晖：湖南文理学院土木建筑工程学院，教授，硕士研究生导师。

　　（2）余祥晨：长沙卓越设计教育机构，教学总督导；教学研发负责人。

　　（3）丁洁：湖南文理学院艺术学院，讲师。

　　（4）杜健：特别顾问，长沙卓越设计教育机构董事长，创始人，首席导师；湖南省城市文化研究会副会长；长沙青年企业家协会理事。

　　在本书的编写过程中，湖南文理学院、长沙卓越设计教育机构的大力支持是完成本书编写的重要力量，在此表示衷心的感谢。对于本书内容及编写方面存在的不足，也恳请大家不吝赐教。

编者

2022 年 2 月

目 录

第1章
设计手绘基础

微课视频

第1章 设计手绘基础

设计手绘的运用范围主要在建筑设计、城乡规划与设计、风景园林规划与设计、景观与环境设计、工业设计等设计的前期方案形成阶段，是设计者用于记录资料、记录构思、交流设计等最方便、最快速的工具，也是设计者的工作语言。设计手绘能将设计师的设计构思直观、生动地表达出来，通过线性的交错关系和色彩的融合变化，表达出更开阔的设计思路和更丰富的空间遐想。设计手绘是交流设计思想最便利的方法和手段，人们可以通过手绘表现的方式了解设计的本质内容和主旨思想。设计者的手绘技法是其技术水平走向成熟的基础。设计手绘的表现能够达到形神兼备的水平，是设计赋予环境形象以精神和生命的最高境界，也是设计品质和价值的体现，更是人们对美好生活追求的表现。

1.1 设计手绘的概念

设计手绘的概念可以定义为：设计者使用徒手表达的方式记录资料、记录构思、交流设计的工作语言和创作方法。设计手绘作为设计师的工具，在方案设计过程中能帮助设计者构思和推敲方案，快速地表达设计内容，作为后续设计工作的重要基础资料和前期成果。

1.2 工具

设计手绘的工具要注重其实用性，设计手绘区别于纯艺术最大的不同点就是前者更突出空间感和尺度的准确性，要求快速表现出画面的主要内容，点出设计亮点，与速写有异曲同工之妙，所以尽量要选择方便携带和使用的工具。

铅笔：用于绘制整幅画面的构图部分，给出画面内容的物体形态、大小比例、位置的基本框架。优选美工 2B 铅笔，配合转峰刀使用。美工铅笔的笔铅偏软，更能表现出线条的粗细变化，在画面的初稿阶段让设计者进入更深层次的思考。自动铅笔也可以进行前期绘制，其笔铅比较硬，效果对比度偏弱。

针管笔和钢笔：在设计手绘中使用率较高，用于画面的线稿阶段。这两种笔的绘画属性和设计手绘的画面属性相符，两者绘制的画面均不可更改，要求设计者准确表达。设计手绘更多的使用针管笔，针管笔是一次性的墨水笔，笔头分粗细变化，便于不同线条的绘制。效果图画面一般使用 0.2mm~0.3mm 的针管笔。钢笔更适用于室外写生，用粗细变化的线条生动地表现眼前的风景。

彩铅：分为油性彩铅和水性彩铅，用于画面的上色阶段。彩铅表达出来的画面清新自然、淡雅柔美，笔触细腻，以自然过渡为主。油性彩铅透明度较高，易于叠色。水性彩铅蘸水可晕染，呈现层次更丰富的笔触。

马克笔：分为酒精性和水性，用于画面的上色阶段。空间设计多使用的是酒精性马克笔。马克笔覆盖性不强，笔头扁平，笔触硬朗大气，画面视觉感强烈。同时，因为笔头的特殊形态和属性，不易掌握和使用其绘画技法。

提白工具：包括提白笔和涂改液。提白是为了突出画面的光感及物体形态，与画面加深一样，整体调整画面，给出完整的光影关系。

尺子：常见类型有三角板、直尺、平行尺。用于辅助完成尺规作图，设计手绘的效果图虽是徒手表现的，但是平面图、立面图、剖面图的绘制需要表达出该有的准确长度，所以需要尺子的辅助。

铅笔	自动铅笔	针管笔

钢笔	彩铅	马克笔

1.3　线条

1.3.1　握笔姿势

正确的握笔姿势。注意：画横线时，笔杆和手臂同一方向，垂直于纸边，并水平运笔。画竖线时，笔杆和手臂构成90°，并竖向运笔。

错误的握笔姿势。切记：手腕切勿用力，依靠手臂推动，形成惯性，画出线条。手指切勿绑定，运笔空间会缩小。

1.3.2　线条表现

线条的流畅度和准确度一定程度上构成了整幅画面呈现的表现力，是设计手绘的重要基础内容。为了能够给出具有张力和准确的画面，在徒手表现阶段设计师需要具备扎实的关于线条的控制能力。线条在设计手绘中分为了两种常用表现形式，即快线和慢线，但并不是根据速度来决定快慢。

1. 快线

快线是为表现画面具有张力的视觉感，通过有深浅变化的线条塑造出更加有力度的形体和画面。

特点：收尾重，中间轻；有深浅变化；三个顿点；直；力度感强。

2. 慢线

慢线是为快速表现基础草图，弱化细节同时更加强调空间。表现出的画面流畅柔和，有更多的拓展空间。适用于设计前期方案沟通阶段。

特点：线条柔美，方向需准确。

另外，曲线在设计手绘中也很常用。特别是在异形的物体造型、平面图的自然线性中都有用到。

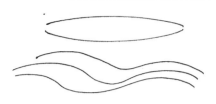

特点：弧；流畅；首尾两个顿点。

1.3.3　练习方法

对于线条的要求：控制线条的长度、方向、间距。

画面的内容可以概括为几何形体组合关系，在弱化物体形态和材质的情况下，需要设计者给出画面中的物体间的关系。首先需要通过控制线条长度把握各个物体的大小和比例，进而更准确地给出空间中出现的物体形体；在效果图的透视关系中，需要设计师准确地把握透视变化，此点要求线条方向务必严谨，表现出统一的透视环境。给出画面物体大小和整体的透视关系之后，可开始塑造形体，给出相对清晰的结构和明暗关系，此时就需要控制线条之间的疏密关系，表现物体不同的厚度和深浅变化的明暗调子。

针对这三点给出相对应的练习方法。

练习方法

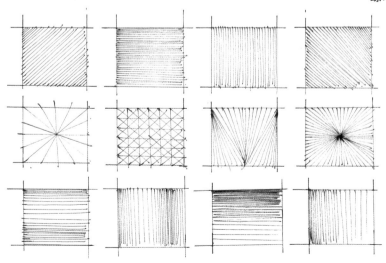

1.4 透视

1.4.1 透视的基本原理和规律

透视是通过一层透明的平面去研究其后面物体的视觉科学。将看到的或设想的物体、人物等，依照透视规律在某种媒介物上表现出来，所得到的图称作透视图。

在绘制一张完整的透视图的过程中，设计者需要确定画面的视点和灭点，从某一种程度上而言，两者会重合为一个点。然后确定视平线，通过分析设计者的视线，给出离视点最近的物体或者画面主体物之后，确定透视关系，即可延展出画面的其他内容，继而完成整个画面。

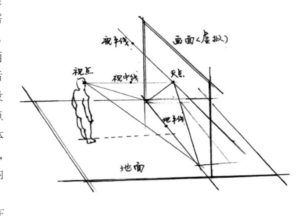

■ 视点：人眼睛所在的地方。

■ 视平线：与人眼睛等高的一条水平线。

■ 灭点：透视点的消失点。

■ 透视规律：近大远小（体量关系）、近明远暗（明度关系）、近实远虚（对比度关系）。

1.4.2 一点透视

一点透视就是立方体放在一个水平面上，前方的面的四边分别与画纸的四边平行时，上部朝纵深方向的平行直线与眼睛的高度一致，消失成为一点，正面则为正方形。一点透视的特点即所有水平方向的线条平行于视平线，所有竖向的线条垂直于视平线，所有透视线交于一点。按照视点位置的不同可划分为一点正透视和一点斜透视。一点正透视即画面对称，一点斜透视即更偏向于表现某一侧。

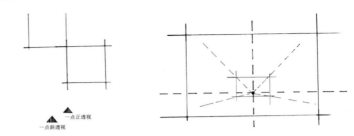

一点透视图表现出的画面进深感较强，更加适合表现半封闭式空间和对称式景观，可更好地展示出空间的特点和氛围。一点透视为效果图视角。

1.4.3 两点透视

两点透视就是把立方体放到画面上，立方体的四个面相对于画面倾斜成一定角度时，往纵深平行的直线产生了两个消失点。两点透视还包括成角透视，成角透视表现得也是两边对称的画面。两点透视的特点即所有竖向的线条垂直于视平线，消失点在视平线上的两个对立方向，透视线均交于两点。两点透视的画面可展示物体更多的面，同样在一个空间中能表现出更丰富的层次。两点透视为效果图视角。

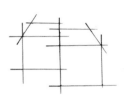

1.4.4 三点透视

三点透视就是立方体相对于画面，其面及棱线都不平行时，面的边线可以延伸为三个消失点，用俯视或仰视等去看立方体就会形成三点透视。三点透视的效果图相对夸张，物体的三个方向均产生透视变化。画面中除了视平线，其他线条均非水平方向。三点透视为鸟瞰图视角。在俯瞰的图中还包括轴测图。轴测图为没有透视关系的俯视图，一般用于建筑专业设计表现。

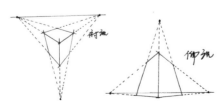

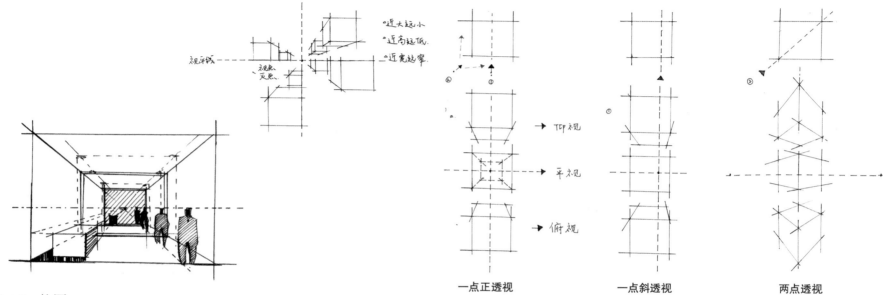

一点正透视　　　　　　一点斜透视　　　　　　两点透视

1.4.5　构图

摄影和画画从某种程度上而言有异曲同工之妙，设计者也可以从摄影的角度来理解一下透视的运用。我们周围的景物大多具有三度空间（即长度、宽度、深度），然而照片却只能表现出二度空间（长度和宽度），利用人眼视物的错觉在二度空间的照片上反映出三度空间的被摄景物，这是摄影构图的重要作用之一。摄影要使二度空间的画面表现出三度空间和轮廓需要具备三个条件：一是线条的透视，二是影调的透视，三是光线的照射方向。

在生活中常常可以看到许多物体轮廓会形成一定的线条，如公路两旁的树木本来是平行的，但往远处看去，树木愈远愈集中，最后聚集在一点上，这种现象叫作线条透视现象。在摄影中要强调或减弱线条透视，主要靠选择不同的拍摄点，即物体与照相机的距离逾近，线条透视越夸张，反之则越小。

在日常生活中还可以看到另一种现象，即远处的物体比近处亮，反差比近处低，轮廓的清晰度、色彩的饱和度比近处差。摄影时可以有意识地利用这些现象来增强画面的空间深度感。

加强画面的立体感和空间深度感，是摄影中很重要的表现技巧。

色彩的饱和度和明暗度也可以用来表现物体的远近。一般来说，距离越远，空气的阻隔效果就越明显。因为空气中的粒子会干扰视线，导致对比度和细节度下降，以及失焦，这称为空气透视，达·芬奇称之为"明暗渐进法"，这种方法倾向于将远处的物体表现为介于灰和蓝之间的冷色调。那么，在用色时有以下几点需要注意。

1. 远景
- 颜色要柔和，不要太鲜艳。
- 色调偏冷。
- 颜色介于灰和蓝的中间值。
- 对比度减弱。
- 阴影不明显。
- 舍弃细节。
- 物体越远，色调越冷。

2. 近景
- 颜色更明亮鲜艳。
- 色调偏暖。
- 浅的物体颜色更淡，暗的物体颜色更深。
- 尽量突出细节。
- 物体越近，色调越暖。

1.4.6　练习

1. 一点透视练习

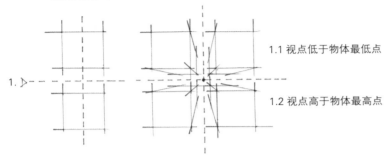

1.1 视点低于物体最低点

1.2 视点高于物体最高点

　　注意：设计者在画之前需要认真观察画面，包括主体物的形体、大小比例、空间位置、透视关系等。画一点透视时，首先是画面构图，即使画面不成空间，也需要给出上下左右的留白，处理出画框，饱满而不过满，有画面空间延展性。其次是确定中心点即视点位置，作为完成物体透视关系的重要参考点。完成以上两点，即可开始临摹。

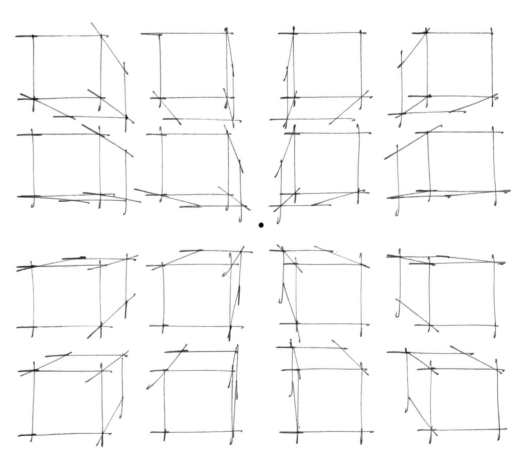

2. 两点透视练习

临摹两点透视相对一点透视难度系数会增加，主要是因为需要设计者准确地画出两个方向的透视方向，交于消失点位置。

画前画面信息观察的结果：正方体、大小一致、间距一致。

透视变化：竖向上离视平线越远，面越宽；离视平线越近，面越窄；横向上离视点越来越远，面会变窄，结构的另一个面会变宽，更能展示出实际大小。（视点为画面中心点）

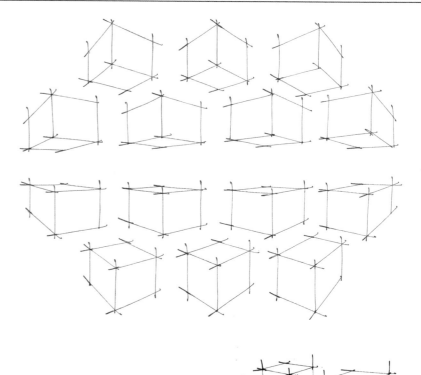

3. 三点透视练习

三点透视图相比前两者难度系数最高。设计者思考透视形体的同时，还需要把握平面的线性关系。例如，在鸟瞰图中，设计者需要清楚表现路网、重要节点、绿化面积、铺装等设计信息。这一点就需要思考视点高度的准确性，更清晰地表现出俯瞰的完整效果。

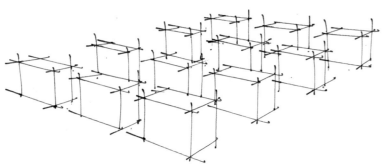

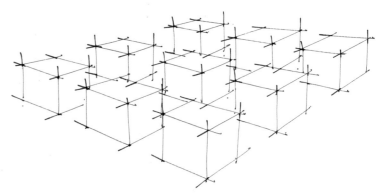

4. 构图

构图是根据题材和主题思想的要求，把要表现的形象适当地组织起来，构成一个协调的完整的画面。绘画也好，写文章也好，都要有章法和布局。在绘画中，所谓章法、布局就是构图。设计手绘中的构图强调的就是设计属性和主要设计氛围。设计者还可借用三远法进行构图：高远、深远、平远。下面通过两张草图来分析一下透视关系和构图。

透视分析　　　　　　　　　　　　概念草图

透视分析　　　　　　　　　　　　概念草图

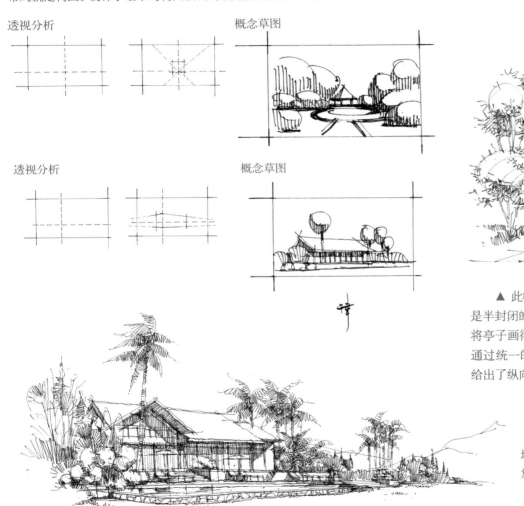

▲ 此幅草图为一点透视，表现的主体物为离视点最近的四角亭，画面营造的是半封闭的休息空间。亭子在空间中的位置处于中后方，根据透视的规律近高远低，将亭子画得小一些。图中四周高中间低，边界线起伏变化。周围的植物层次分明，通过统一的光影关系更加完整地强调了前后空间关系。画面从近景、中景、远景给出了纵向丰富的层次，表现出了画面的进深感。

◀ 此幅草图为两点透视，从房子结构线的方向可以看出，周边的环境高低错落，对比着主题的形态，一般情况下主体物都会出现在画面中靠左或是靠右的黄金分割点附近的位置，更能吸引人的视线。

1.5　空间

1.5.1　几何空间

空间关系是指各实体空间之间的关系。在建筑设计的平面配置中，分为相邻关系和连通关系。而在透视效果图中，要给出的空间关系简单来讲就是物体间的前后关系、内外关系、左右关系等，给出清晰的分界线和转折位置，表达出高、宽、深三度空间的层次关系。

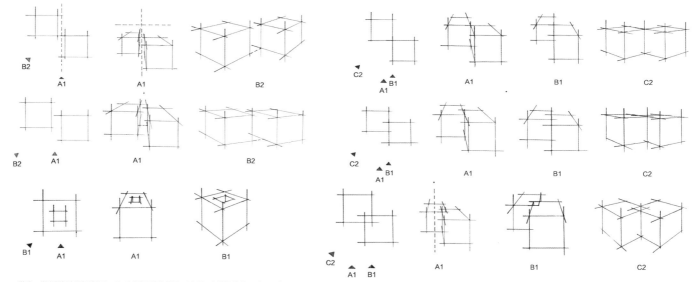

说明：以上图例中所标注的A、B、C代表视点的位置；1表示一点透视关系，2表示两点透视关系。

1.5.2　明暗关系

明暗关系包括物体受光后产生的亮部、灰部、明暗交界线、暗部、反光、阴影。设计者需要深入理解物体在光的照射下所产生的明暗调子的变化规律和表现形式。物体距离光源越近，则亮面越亮，暗面越暗，对比强烈；反之，距离光源越远，亮面越弱，暗面越灰。物体离设计者越近，明暗对比越强；物体离设计者越远，明暗对比越弱，其实就是近实远虚。

在设计手绘画面中，要求视觉感强，对比关系强。设计者可减少明暗关系的层次，简单地给出体感和光感，在线稿绘画阶段主要塑造亮部、暗部、阴影。灰部的内容和层次可以在上色阶段快速完成。

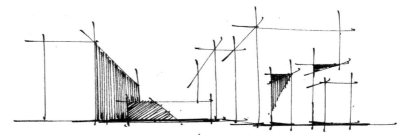

1.5.3　练习

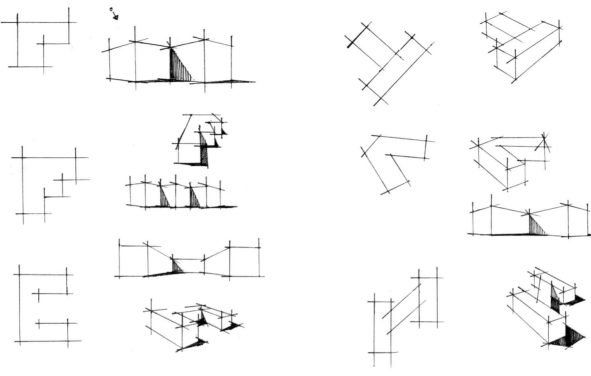

思考：根据图中所给出的效果，判断视点位置和视线方向并在图中画出来。

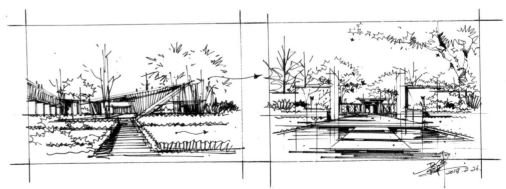

第 2 章
设计手绘上色表现技法

微课视频

第 2 章　设计手绘上色表现技法

设计手绘的主要表现方式包括马克笔表现、彩铅表现、水彩绘图表现。水彩绘图的表现形式为钢笔淡彩，因为水彩绘图工具相比较而言更不易携带，操作性复杂，所以我们一般选择马克笔和彩铅综合表现设计手绘，难易程度适中，而且便捷、易修改。

2.1　色彩基础

用色彩去表达自己的感受是画色彩的乐趣。掌握有关色彩的基本知识可以帮助设计者更加清晰地表达所见所想。我们可以用色彩去传递感情、营造氛围，懂得如何运用色彩及色彩搭配是非常重要的。

1. 色轮

色轮是根据色彩关系排列的一种视觉效果图。一种基本色轮通常包括 12 种不同的色彩，这些颜色分成三类：原色、二次色（间色）、三次色（复色）。

主色：红黄蓝

辅色：橙绿紫

2. 原色

原色包括红、黄、蓝三种颜色。理论上，任何其他颜色都可以利用这三种颜色混合而成。以三原色为顶点就形成了色轮上的等边三角形。这三种颜色无法用其他颜色调制。

3. 间色

间色是由任意两种颜色混合而成的颜色，在色轮上处于原色之间的位置。间色包括橙色、绿色和紫色。

4. 复色

将原色与其旁边的间色混合就形成了复色。这些颜色填补了色轮上其他空白的位置。复色包括红橙、红紫、黄橙、黄绿、蓝绿、蓝紫。

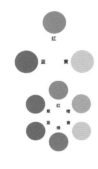

单色

可通过明度和纯度调节色彩变化。

相似色

使用相邻的色彩搭配，可体现出协调平和的氛围。

三元配色

在色轮上形成完美的等边三角形。主色和辅色搭配，效果俱佳。

四元配色

在色轮上形成一个矩形。可以在其中选择一个颜色为主色，其他颜色做辅助。这个色彩方案很难平衡，搭配难度偏高。

2.2　配色原则

色相

色相：颜色的相貌，例如一棵树是红色的，那么红色就是它的色调或色相。

纯度

纯度：又叫饱和度。颜色的纯度数值越高，画面越鲜艳，反之则越灰。

明度

明度：从黑到白，颜色的明度指数越高，画面越亮，反之则越暗。

红色系

◀这幅画面是四季广场的一角——春杏角，主要表现春意盎然的氛围。要求画面偏暖。春杏花偏红，可使用黄、橙、红进行变化。中式家具的融入，早晨的一抹阳光，形成画面的光影，植物在受光后由绿变成黄，黄中带有橙，橙过渡到红，色彩丰富且自然。棕色的木质座椅色彩偏暖，和植物的色彩相得益彰。但要想获得完整的画面，以暖色为主色调的画面同样也需要融入灰色系和冷色调来平衡色彩关系。受光物体变暖，反之则物体变冷或变灰。灰色和冷色可以在阴影中处理出来。

此时，还需要注意画面的主次关系，在画面的后方和周边区域可以逐渐虚化处理，使用偏灰（饱和度偏低）的颜色来表现，通过色彩在明度和对比度上的调整给出透视变化，让空间可以更加清晰明了，氛围感更强。

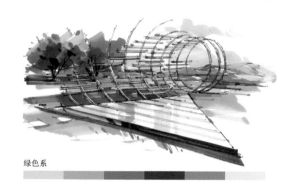

绿色系

◀这幅画面主要表现景观小品，重点是表现出景观小品和周边环境的衔接关系，要求在色相和明度上表现其内容。周边环境偏自然，主色调来源于植物和远山，偏绿且饱和度偏低（在太阳光的照射下，存在空气透视，大自然显色相对温柔，物体的色彩在人的视线中饱和度偏低）。主体景观小品的色彩在此时也需要同步，可以选择灰色来衔接环境的绿色调。与绿色搭配的颜色可以在黄色、蓝色等邻近色中选择，或者选择色彩对比强一点的橙色，尽量避免选择红色（间色相比单色饱和度偏低），氛围相对突兀。选择好景观小品的主色调之后，顺理成章给出物体受光后的明暗关系。在灰部可加入环境色或者中间色进行过渡。例如，在此图中景观小品的受光面加入固有色灰色，再融入光源色黄色，以丰富画面的色彩氛围，给出画面的光。光可以通过留白或者黄色来表现。

黄色系

◀这幅画面主要表现建筑，以及建筑与环境的衔接关系。画面带给人一种秋季阳光普照的温暖。这样的心理感受源于画面主色调——黄橙色。暖色调带给人温暖的感受，特点是色彩偏黄。建筑重点在于塑造体感，需要借助光影关系来表现出明暗层次。每一个固有色都要配合不同灰度的色彩来塑造明暗。周边环境采用了黄色调，黄色偏暖，搭配偏黄的灰色，非常协调。受光的黄色偏亮，暗部的黄色偏深、饱和度偏低，可以选择土黄调和色彩氛围。建筑的主材质为木质和玻璃。木质偏暖，相比植物的黄色明度同时偏深，在画面中可以表现整体的色彩对比度。玻璃的颜色偏蓝，即偏冷，而此处的蓝色不可选择偏绿的蓝色，会和偏红的棕色相冲突，画面略显脏。

2.3 马克笔表现技法

马克笔笔头扁平，色彩覆盖力差，要求设计者绘画时笔速要快，表现出来的色彩更加清透干净，且尽量少叠色，确保色彩的色相纯净。绘画之前，设计者需要了解马克笔的笔头形状，通过笔头的点和不同的边来塑造出多变的笔触形态。笔触形态取决于物体的形态、材质、结构、视觉感。

2.3.1 马克笔表现笔触详解

在马克笔表现的画面中经常会运用到的笔触形态包括点、线、面三种。

1. 点

形态自然，不要太僵硬且有规律。注意从大到小的形态练习、各个方向的练习。速度越快明度越亮，反之则越暗，且画面会变闷。

2. 线

停顿颜色会加深，加速颜色会变浅；笔头完全落纸，笔触形态才会饱满。笔头落笔角度不同，画出的粗细不同。注意长度控制练习和虚化练习。

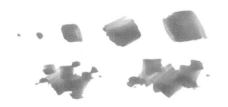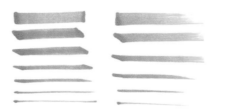

3. 面

线与线连接时要自然。注意断笔练习、连笔练习、方向练习、面明度过渡练习。

2.3.2 马克笔表现练习

植物在景观设计手绘效果图中会大面积出现，是设计中的主要元素。在学习笔触的阶段，初学者需仔细研究植物单体的马克笔表现方法。想要画准植物有一定的难度，主要表现在树冠的组团关系上。画出植物的自然性，则需要符合植物柔软灵动自然的笔触。形态多以点为主，具体由叶片形态决定。例如，常见的香樟、桂花、栾树等，叶片均为椭圆形，笔触则多以圆点或异形的面来表现。若是棕榈、椰子、竹子，或者是针叶类的白皮松、罗汉松等植物，就需要参考其叶片形态和视觉感来进行表现。同时在画单体的过程中，除了需要琢磨笔触形态，还需要思考其颜色的变化。一般情况下，在受到大自然的光照后，会产生黄绿调、黄橙调、蓝绿调、灰绿调、灰黄调等，色调大多都是在固有色和灰色之间。

2.4　彩铅表现技法

彩铅在设计手绘中也会经常使用，相对马克笔的属性，彩铅表现的画面更加自然柔和且色彩较灰，需要结合马克笔来快速体现对比度。同时，彩铅的表现难度比马克笔低，在掌握了素描的基础理论和技法的基础上，再学习彩铅会更简单。如果是零基础的初学者，需要掌握两点，即排线的疏密变化和方向。

2.4.1　彩铅表现笔触详解

单色渐变

叠色渐变

技法一：通过线条的疏密变化来体现物体受光后的明暗变化；从暗部到灰部的过渡即线条由密到疏。

技法二：在渐变的过程中包括单色渐变和叠色渐变。单色渐变即在一种颜色中寻找明度变化；叠色渐变即通过邻近色或互补色来表现明度变化。叠色渐变相对单色渐变丰富了色彩的变化且相对自然。此方法表现相对细腻，适用于主体、中心、近景处。

2.4.2　彩铅表现练习

1. 景观效果图彩铅表现

在表现过程中，彩铅的笔触主要是顺着光的方向排线，并给出疏密关系。面对天空、树、山、水、石等不同的元素，彩铅的笔触没有出界，在物体的轮廓线内通过明暗表现出光感，表现出空间层次。结合马克笔的简单笔触表现更加饱满的色彩关系。

2. 建筑效果图彩铅表现

建筑是画面主体，造型和材质都需要表现出强硬的视觉感，彩铅的笔触需要更加硬朗，要求方向一致的同时，也需要给出肌理的变化，表现画面的丰富性。结合马克笔的黑色，给出强硬的对比关系，更大程度地加强了画面的空间关系。

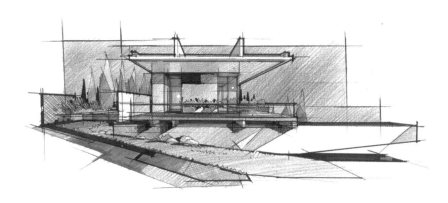

2.5 材质表现技法

不同的材质有不同的表现技法和色彩搭配，主要根据材质的固有色和受光后产生的色彩变化来处理色彩关系。

1. 玻璃

■ 固有色：无色、黄色、黑色、蓝色等。

■ 特性：透明、有形的、硬质、反射。

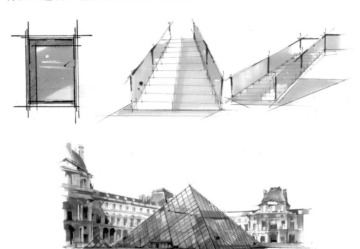

2. 石

■ 固有色：冷灰色、暖灰色。

■ 特性：硬质、弧面。

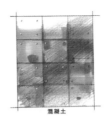

混凝土

青砖墙

白理石

3. 木

■ 固有色：黄棕色（原木、胡桃木、红木等）。

■ 特性：硬质、线状。

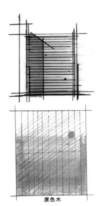

原色木

第 3 章
景观设计元素表现技法

微课视频

第 3 章　景观设计元素表现技法

3.1　植物的画法

　　在景观设计手绘中，植物主要包括乔木、灌木等。画植物最主要的就是要表现出植物形态、比例、空间关系。在刻画的过程中可以适当地简化植物的叶片形态，但需要表达出基本的树形及结构。也有特殊表现植物细节的画法，需要表达植物的全部特征，可以从画面中判断出植物的名称和科属，比如松柏、棕榈、竹子等。一般情况下，设计者可以通过植物的形态特征和分枝方式，形象地表现出植物形态、比例、空间关系，塑造出基本的视觉效果。

3.1.1　乔木的画法（树冠、树干及树枝）

　　乔木的绘画重点在于表现树形、林下空间。

　　在使用马克笔给小乔木上色时应注意：线稿的细致程度有所不同，但上色的目的相同，均需塑造体感，表现出准确的明暗关系和笔触形态，将物体在受光后的视觉呈现和变化刻画出来。

　　乔木区别于灌木最主要的因素即有明显的树干，树干的画法如下所示。

　　注意：组团关系复杂，要求左右匀称，而非对称。组团要注意大小变化，表现出上下关系和前后关系。从小乔木到大乔木，除了分枝变得更加丰富，相对组团的层次也应更加丰富。

　　草图表现中的植物画法相比效果图要相对简单，省去了细腻的层次塑造，保留住了植物的基本形态和结构并进行概括，通过不同的视线分析，表现出对应的画面。草图简单明了地表现了画面的重点内容，快速地表达了设计者的思路。单体表现也是同样，概括地表达了植物的树形和林下空间。

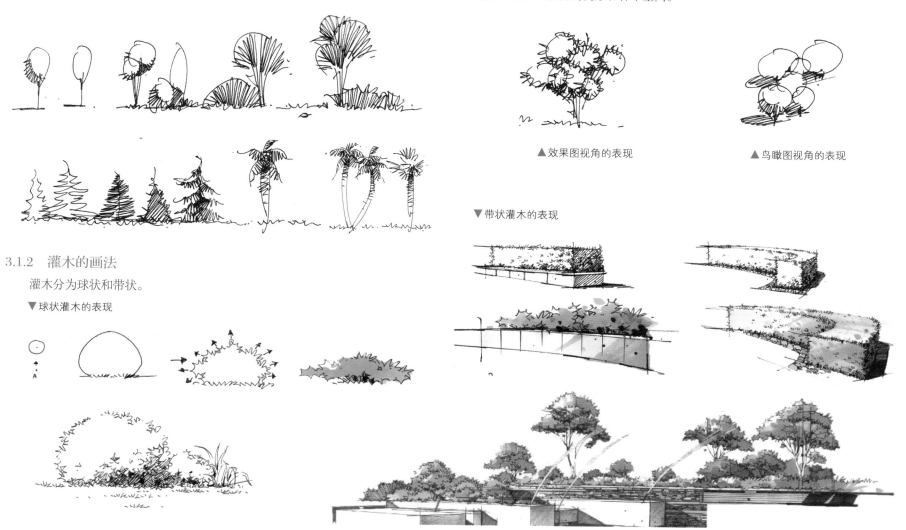

▲ 效果图视角的表现　　　　　　　　　　▲ 鸟瞰图视角的表现

3.1.2　灌木的画法

　　灌木分为球状和带状。

▼ 球状灌木的表现

▼ 带状灌木的表现

3.2 石头及组合的画法

在景观设计手绘中，石头主要包括自然石和人工石。自然石弧面较多，常为异形且无规律。人工石则直面较多，适于人为仿形设计，或设计中的功能性需求。

彩铅的笔触易于刻画出石头的质感，使整体画面更加统一，所以常用彩铅绘制石头。

场景中的石头元素经常会搭配水体、植物等元素进行造景，在空间组合中，表现的重点就不再是某个单体，而是物与物之间的空间关系和画面的主次关系。

注意：前后关系、大小变化、空间构图。

表现要求：根据光的方向给出画面对应的光影关系，并顺着石头的肌理给出灰部的细节和层次变化。

上色过程中，需要思考组合元素的固有色，及受光之后产生的明暗关系和冷暖关系，并思考色彩的变化。

3.3 水体及组合的画法

水体的设计方式包括叠水、喷泉、泳池、人工湖、自然水域等。在不同的形式中，通过水体给予空间参与者视觉和听觉上的丰富体验。水体不是独立存在的，需结合其他景观元素，例如，石头、植物、景墙、桥、亭廊等元素，它们的结合会让景观设计得到进一步的深化。

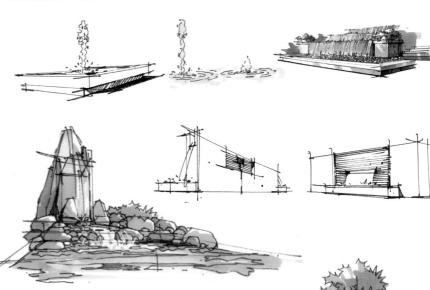

石头和水的组合场景在景观设计手绘效果图中极为常见，视觉上一刚一柔，作为配景可很好地丰富画面。在线条绘制上需注意，石头的线条应更加有力度，且在外轮廓线的部分要给出转折关系，表现出石头的自然形态。而水体是透明的液态，在表现水纹时，需根据自然状态下所产生的弧线幅度来刻画，同时有倒影的部分需要给出线条的疏密变化。

石头和水的组合场景在马克笔上色过程中，需要表现出光影关系和色彩变化。而这两种元素颜色均偏少，可选择范围不大。在水体颜色确定的情况下，设计者可使用冷灰色或暖灰色进行搭配。冷灰色的暗部可融入灰蓝、灰紫。暖灰色的亮部可有黄色，灰部可有橙色、棕色。一定注意，这三种颜色必须是偏亮偏灰的色彩，不能使用太纯的颜色。

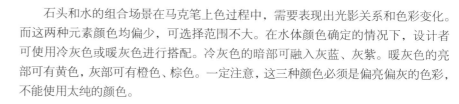

3.4 园建小品的画法

亭：体积小巧，造型别致，开敞式结构，没有墙。从平面来看，亭的类型可分为正多边形亭、长方形亭、圆亭、组合式亭等。

廊：一种"虚"化的建筑形式，造型别致，高低错落。从平面来看，廊的类型可分为直廊、曲廊和回廊。

3.5 景观小品的画法

　　景观小品是景观中的点睛之笔，对空间起点缀作用。主要作用是在活动场景中给游人提供所需要的生理、心理等各方面的服务，例如，休息、照明、观赏、导向、交通、健身等。从另外一个层面来说，景观小品是将艺术与自然、社会融为一体，通过壁画、雕塑、装置及公共设施等艺术形式来表现大众的需求和生活状态，所以景观小品其实也是公共艺术品。

　　一般来看，景观小品的内容均以完整的造型出现，在表现的过程中，需强调外轮廓和结构。此外，还需要绘画出景观小品和周边环境的衔接关系。

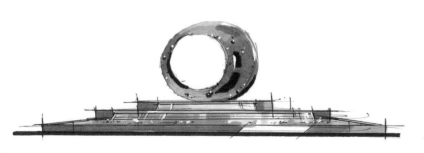

3.6　人物的画法

　　人物在景观设计手绘效果图中是非常重要的元素。任何景观设计空间都是服务于人的。不同的空间有不同的功能性，可提供不同的人物和行为，例如，行走、坐、看书、运动等。在人体工程学中所有的规范都是以人体的高度及人体的行为活动作为参考依据的。在设计空间效果图中出现人物是非常有必要的，利用人物的表现可以更加准确地体现空间尺度，表达空间的属性及丰富空间氛围。

　　表现人物是相对复杂的，需要了解人体的基本结构，通过人体的肌肉和骨骼生动地表现人的动态变化。但设计手绘区别于纯艺术，其主要表达设计空间，人物的部分仅需要表现出高度，概括性地给出人物的行为动态即可。

第 4 章
效果图的表现技法

微课视频

第4章　效果图的表现技法

4.1　草图表现技法

下图是花坊餐厅节点景观效果图。画面中的元素包括植物、景墙、汀步、铺装、餐桌椅等，着重需要表现的就是餐厅外的花草，营造安静惬意的空间氛围。

通过一点透视构图法可以将小院的景深感加强，前景为花草、汀步，中景为用餐桌椅和衔接主题建筑的景墙，内容清晰、层次分明、主次明确。

草图表现最重要的就是画面取舍，用最快的速度表现出画面最主要的主体，结合周边配景给出景观气氛。同时，强调画面的光感、材质、空间。加强主体物的塑造，衔接物与物之间的关系，表达设计者最直观的感受。

草图部分最重要的就是将视线内看到的画面快速进行信息筛选并徒手表达出来。设计手绘最重要的就是空间尺度，把握画面中物体的比例大小是关键。用流畅的线条表现出饱满的空间，体现出场景的尺度感。

4.2　节点效果图表现步骤

效果图表现对于构图、单体、情节氛围的刻画都是非常讲究的，具体的作画步骤如下。

步骤1：构图。先确定画面大小，给出视平线和消失点所在位置，随即勾勒出离消失点最近的主体物形体框架，通过消失点和主体物的结构点，给出透视线，勾勒出空间中其他物体的比例形态，确定每个单体的落地位置，确定空间关系。

步骤2：定形。形体比例、空间位置确定完成之后，开始单体塑造，针对结构、形态、材质进行概括。

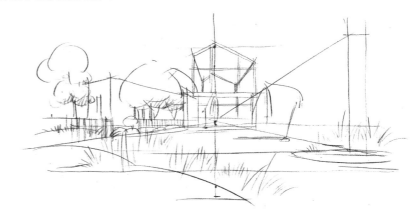

　　步骤 3：细节刻画。根据每个物体的材质给出细节，表现出合理的肌理。植物在轮廓确定的基础上添加组团及之间的空间关系。灌木丛组团细分并给出前后。近景的花卉需要细致表现，叶片的不同方向、疏密变化，都需要认真刻画。墙体表面需刻画出石材的颗粒感。主体建筑上方木材和玻璃的表现逐渐细致。细节基本集中在物体的灰部。

　　在细节刻画的过程中，根据大自然的光照确定方向后，给出对应的光影关系。太阳光是平行光，光线平行处理。通过加深调子统一画面的光影关系。加深的调子集中在阴影处、明暗交界处、物与物交界处。边界线处理越准确，画面越清晰。明暗层次越清晰，画面空间越丰富。画面对比度要给出虚实变化，表现主次空间，接近画面中心的物体实化，画面边缘处和后方背景处的物体虚化，从整体的角度来思考画面表现的张力。

步骤 4：马克笔上色。色彩的第一层先以大色块为主，快速表现出画面受光后的色彩氛围。植物的固有色为绿色，墙体的固有色为砖红色，花卉的固有色为红紫色，建筑的固有色包括棕色、灰色、蓝色。所有的颜色在受光后会发生变化，亮部偏浅偏黄，植物的亮部可偏黄绿色，墙体亮部可偏浅黄色，地面和建筑的亮部可做留白处理，木质部分的亮部可为黄色。暗部偏灰偏冷，靠后方和边缘的植物可以在灰部和暗部融入冷绿色。色彩的第二层刻画灰部，体现物体的基本形体，通过色彩完成形体的素描关系。色彩的第三层是根据画面层次画出前后空间关系，通过虚实变化塑造主次关系，表现出完整的画面。

观察画面元素，拟定光源方向，思考物体的固有颜色和受光后产生的色彩变化，并在明暗关系的基础上表现出更加符合画面的主色调，始终思考整体到局部、局部到整体的关系。

思考 1：图中的花卉出现了哪些颜色？

思考 2：画面左侧为什么会出现冷绿色？

　　下图的绘画过程减少了墨线阶段，直接确定完铅笔稿后表现色彩。

　　为了更加准确地画出画面中各元素的形态和细节，铅笔稿阶段的表现务必要详细，要同时表现形态、结构、空间关系。所有内容表现清晰后，强调画面硬质的结构和厚度，使画面中硬质和软质的内容区分开来。

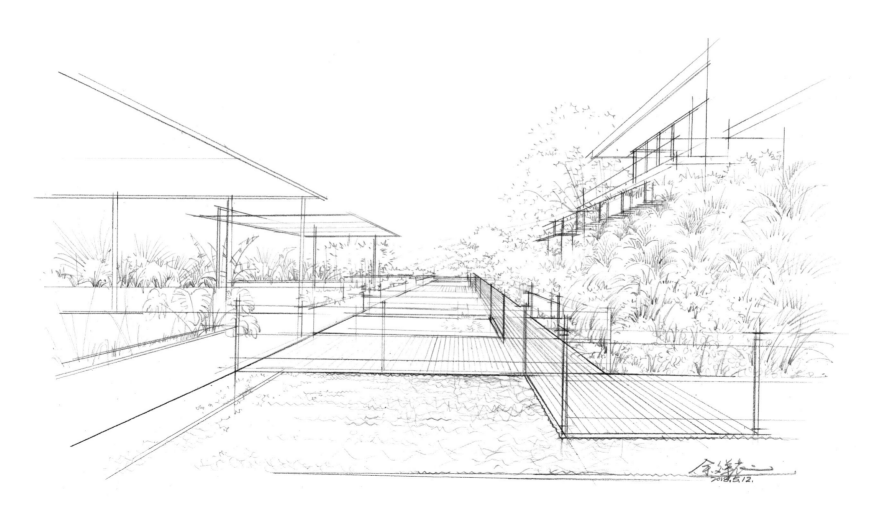

　　铅笔稿完成后，使用马克笔上色的过程中，需要极其注意笔触的连贯性和通透感。在没有详细线稿对比度的基础上表现色彩，需要利用马克笔笔触更加准确地表现出物体的形态和疏密关系。从画面上来看，没有墨线的效果图呈现的画面偏灰，对比度不够，此时就要准确地把握色彩的对比度，将图中固有色本就深的物体表达出对应的明度。设计者要主观地运用光带给物体的变化做色彩的取舍，不可将所有的颜色刻画得过满，厚涂的方式会使得画面不透气。

4.3　效果图在各类方案中的表现

在方案设计中，效果图的展示不可或缺。在前期项目汇报中，设计者会给出方案中的设计亮点，即主要内容的效果图，可以是软件效果图，也可以是手绘效果图。两者都可以表现出设计者的想法，但后者更适合设计者在前期创作过程中使用，更加贴近设计本身。

设计方案即解决景观设计的具体思路，在思路中需要通过设计中可运用的元素，创造符合周边条件、适合人群参与的景观空间。方案的效果图表现即用三维空间的画面来说明平面设计中表达不出来的内容。

常见的空间类型包括居民区景观、广场景观、公园景观、校园景观、滨水景观、庭院景观等。在不同功能性的空间中要表现的画面氛围不同，例如居民区景观中，主要为小区里的居民服务，可进行运动、休息、活动、娱乐等。画面中相应会出现座椅、健身器材、景观小品、广场、廊架等元素。不同年龄段的人群会有不同的行为，需要的空间也有所不同。儿童需要游乐场，老人需要锻炼区，设计因人而定，画面中的内容也需要符合设计风格，不可随意添加修改。

前面的描述均以功能性为主区分空间类型，如果按照人际关系分类，空间类型包括公共性空间和私密性空间。

公共性空间：一般指尺度较大、开放性强，人们可以自由出入，周边有较完善的服务设施，人们可以在公共空间中进行各种休闲和娱乐活动，因此又被形象地称为"城市的客厅"。公共空间决定画面需要表现出宽敞的空间效果，空间尺度也需表达准确。避免空间尺度不对导致画面空间缩小的重点在于把握好物体的比例关系，物体的比例关系的准确性都是对比出来的，是相对关系。地块偏大，相对使得周边物体在画面中的呈现会变小。比例关系准确，空间尺度感才能表达准确，相应公共空间的效果才能表达完整。

私密性空间：个体领域感最强，对外开放性最小的空间。一般多是围合感强，尺度小的空间，多为特定人群设定的空间环境，例如，住宅庭院，公园里的小亭。尺度小的空间，元素略显拥挤，同样需要处理好比例关系。地块变小，衬托出周边植物及其他物体更高更大。

▲此幅图属于校园景观，半封闭空间。在画面中高大的乔木，红砖的教学楼，还有匆匆进入课堂的学生，营造出校园里上课前的景象，符合校园景观的氛围。左右两侧植物搭配与高大的乔木给出竖向上的层次变化，灌木的紫色很好地调和了建筑的红色和乔木的绿色之间的跨度，使得画面的色彩非常地协调且丰富。

在效果图表现某一种空间时，需要契合对应的元素、材质、色彩等内容，这样的处理才可使得画面更为准确地表达空间设计。

4.3.1　校园景观

校园景观区别于其他景观，它的本质不仅在于形式，还需要具备三个重要功能：交通集散功能、读书休闲功能、象征意义功能。而表现校园景观则不可缺少教学楼绿化、校园活动广场。

这两幅画都是湖南大学校园的一角，教学楼的绿化效果。整个画面利用了线条排列的方式快速表现，叠色部分减少，色彩更加通透，以一种速写的方式展现出来，画面更加松弛，主次关系更加清晰。

建筑在校园景观效果图中也是必不可少的，教学楼绿化不仅需要表现景观内容，还需要表现建筑和景观之间的空间衔接，给出画面的连贯性和完整性。建筑与植物之间的光影关系和建筑主体的空间关系都需要思考。

思考：画面的重色应该表现在哪里？

图书馆是每一所高校都会有的建筑物。图书馆周围的绿化相对稳重，色彩偏深，多以松柏为主，也有桂花点缀。下面这幅作品画的是冬日里的图书馆。在冬天就算是阳光普照，画面色彩也是给人一种偏冷的感受。图中建筑外墙面偏砖红，结合玻璃的蓝给出平和的色彩氛围。雪松上的积雪烘托环境氛围，也表现出了建筑的肃穆。靠后方的植物和后方的建筑采用虚化的处理手法，更加突出了主体物。

校园活动广场作为聚在一起交流的公共空间，常见的是校园中心的纪念碑，而下图的活动广场是集人文与功能为一体的聚集性空间，供学生休憩的同时，还能举办一些校园活动，包括开放式的花园、阴影展馆和展览通道等。整个建筑的弯曲形态，过山车般的结构，在校园内辨识度极高。为了更好地突出画面的主体物，设计者采用了两种色彩搭配。

校园入口都有学校门头设计，门头的造型需要设计者着重刻画。通过透视塑造造型的视觉冲击力。入口处的通道及路线要有所交代，并随着空间的后移做虚化处理。校园内的建筑与绿化植物、植物与入口的衔接是画面表现的重点。

思考 1 ：竖向高差的表现重点是什么呢？

思考 2 ：景观和建筑之间的距离是通过什么来表现的？

思考 3 ：画面元素丰富，如何统一画面表现？

4.3.2　居住区景观

　　居住区景观设计的分类是依据居住区的居住功能和环境景观的组成元素划分的，不同于狭义的"园林绿化"，是以景观来塑造人的交往空间形态，突出了"场所＋景观"的设计原则，具有概念明确、简练实用的特点，有助于设计者对居住区环境景观的总体把握和判断。

　　居住区景观设计的内容根据不同的特征可以分为：绿化种植景观、道路景观、场所景观、硬质景观、水景景观、庇护性景观、模拟性景观、高视点景观、照明景观。目前，"场所"的概念越来越被人们关注。因此，以上各种景观中，场所景观是核心，其他类的景观往往与场所景观融合在一起，为人们创造良好的活动场所。

　　居住区景观会根据住宅的高度来考量设计方式和方法，高度的不同决定景观密度的不同。常见的高层住宅可以通过多层次的地形来增强绿化率，也可以图案化满足居民近处观赏和俯瞰的审美需求。多层住宅采用相对集中、多层次的景观布局形式，保证集中景观空间，合理的服务半径，尽可能地满足不同年龄结构、不同心理取向居民的群体结构需求。低层住宅采用较分散的景观布局，住宅景观尽可能地接近每一户居民，景观的散点布局可结合庭院塑造尺度适当的半围合景观。如下图所示，即低层住宅中常见的半围合空间。

　　图中的植物竖向层次丰富，其中竹子为主要元素，结合抱鼓石、古典灯饰营造出中式园林的素雅和静谧。

　　竹子的叶片三叶一组，片状组成树冠。在表现树冠外轮廓的抖线时无须连贯，但要注意叶片大小和疏密关系的变化。每组竹子的竹竿需要按照造型设计表现清楚，并给出空间中的前后关系。

　　前景中的小乔木应表现出清晰的树形和林下空间。抖线的形态要参考植物本身，叶片小，密度高。

　　画面中每一处的物体在空间中都处于不同的位置，都有各自的造型。设计者要根据图纸空间要求，主观处理虚实关系，刻画出画面设计的亮点和准确的空间尺度。

此图选自泰禾·北京院子，宅间绿地属于绿化种植景观。

思考1：画中使用的是哪一种透视关系？

思考2：此图为什么使用此种透视关系？

画面亮点在于光影，自然光透过竹子照射在青砖上，表现难点也在于此。此画通过明暗关系、色彩的冷暖关系将整幅画面的光过渡得很自然，同时也被塑造得很柔和。因宅间有很多绿化植物的遮挡，空间紧密，使得地面上阴影形态丰富多变，成为画面的精彩表现。

因设计中植物类型丰富，设计者就此也表现出了不同的马克笔笔触形态，以塑造物体的特点。特别是竹子既是画面主元素，形态本身异于周边植物，更需要掌握好笔触表现技法来充分塑造内容。从色彩方面而言，整幅画面的色调偏灰，与中式园林的氛围不谋而合。

思考：画中抱鼓石为什么都使用冷灰色表现？

硬质景观分类有很多种，例如，根据美学原则可分为点、线、面三种类型的硬质景观；根据设计要素又可分为步行环境、车辆环境、街道小品三类；根据硬质景观的用途分为道路、驳岸、铺地、小品四类；根据硬质景观的功能分为实用型、装饰型和综合功能型景观三大类。

1. 实用型硬质景观

实用型硬质景观包括道路环境、活动场所和设施小品三类。其中，道路环境又由步行环境和车辆环境组成，包括人行道、游路、车行道、停车场等；活动场所包括游乐场、运动场、休闲广场等；设施小品包括照明灯具、休息座椅、亭子、公共停靠站、垃圾箱、电话亭、洗手池等。这类景观是以应用功能为主而设计的，突出体现了硬质景观使用功能强大、经久耐用等特点。

2. 装饰型硬质景观

装饰型硬质景观以街道小品为主，又分为雕塑小品和园艺小品两类。雕塑小品的种类、材质、题材十分广泛，已经逐渐成为景观设计中的重要组成部分。园艺小品即园林绿化中的假山置石、景墙、花架、花盆等，这类景观是以装饰需要为主而设计的，具有美化环境、赏心悦目的特点，体现了硬质景观的美化功能。

3. 综合功能型硬质景观

综合功能型硬质景观同时具有实用性和装饰性的特点，如设施小品中的灯具、洗手池、坐凳、亭子等，既具有使用功能，也具有美化装饰作用。装饰小品中的假山、花架、喷泉等，既是观赏美景的对象，也是人们休憩游玩的好去处。这类具有综合功能硬质景观设计正是体现了形式与功能的协调统一，在现代景观设计中被广泛应用。

▼此幅作品表现的是实用型硬质景观。画面中表现的主体是儿童娱乐装置。对于此类效果图表现难度很大，装置结构复杂，内容较多，要求设计者造型能力极强。装置色彩丰富且纯度偏高，需要设计者主观取舍，保留主体物的视觉效果并迎合整体色彩关系。

思考1：左图中的暖色中使用了哪几种颜色？

思考2：右图中的植物有几种层次关系？

▲此幅作品表现的是综合功能硬质景观，包括水体、景观小品、亭子、铺地、植物等元素。

元素丰富的画面，可通过色块的明度层次来体现对比度，给出空间关系。水体、铺装小品和亭子都需要给出明确的光影关系，明确画面的光感。通过倒影的笔触可表现水体的通透及铺装的光滑平整，笔触主要表现在与其他物体的交界线处。植物可以通过明度变化来区分，后方的背景植物做偏灰处理，近处的植物通过不同面的塑造给出相对详细的层次。

思考 1：判断此幅图表现的是什么景观类型?

思考 2：画面中的灰色使用了哪几种?

4.3.3 滨水景观

滨水景观主要是以借水造景为设计亮点，而且水域面积较大。滨水景观可以通过设计系统构建多层次服务城市的基础设施，并融生态治理、科普教育、休闲观光于一体。

例如，凤凰古城以古街为中轴，连接无数小巷，沟通全城。最具特色的是沱江吊脚楼，依沱江而建，苗寨以青石板路串联，枫树成林。西江苗寨依山傍水而建，远看苗寨层层叠叠，呈金字塔形。

大空间的效果图要控制好尺度，舍去局部的塑造，要从整体出发。画面中建筑、水、植物等元素均以片状呈现，上色和墨线的逻辑一致。

滨水景观最重要的就是表现水与周围环境的空间关系。空间与水的关系包括临水、亲水、含水。

思考：建筑的固有色和水中倒影的呈色表现有什么区别？

深坑酒店是以深坑的自然环境建造的一座五星级酒店，酒店与深坑融为一体，真正做到了建筑与景观的完美结合。

设计者将视点放置于坑底，形成仰视视角。利用简单的马克笔和彩铅的笔触融合给出了画面的基础色块，将酒店主体建筑、山体、水面、隐水花园清晰的分开，且通过光影关系在空间上联系到一起。

自然风光写生表现的是风景给人带来的享受。临水的观景平台、小船、水草都是表现这一角的重要元素。细腻的色彩层次表现出了水面、植物、石头等元素的自然性，区别于现实呈现的色彩，给人带来美的享受。

深坑酒店

自然风光写生

4.3.4 庭院景观

庭院是建筑物前后左右或被建筑物包围的场地，也泛指院子。常用的设计元素包括座椅、跌水瀑布装置、花圃、照明、竹子、盆景、石材墙面等，供人惬意的赏景休息。庭园是三维立体的，而且是多视角观赏。在庭院设计上还要充分利用人的视觉假象，如在近处的树比远处的体量稍大一些，会使庭院看起来比实际的大。例如，苏州的网师园为了达到水波浩渺的扩大感，把水域周边景观按比例缩小。

庭院的形式包括自然式、规则式、花丛式。

庭院设计色彩的冷暖感会影响空间的大小、远近、轻重等。随着距离变远，物体固有的色彩会深者变浅淡，亮者变灰暗，色相会偏冷偏青。应用这一原理可知，暖而亮的色彩有拉近距离的作用，冷而暗的色彩有收缩距离的作用。庭院设计中把暖而亮的元素设计在近处，冷而暗的元素设计在远处，就会有增加景深的效果，使小庭院显得更为深远。这一点和处理空间远近关系的思维是同样的。

庭院的效果图场地不大但内容丰富，设计者要选择合适的透视关系突出表现主体物的造型和狭小空间与建筑的关系。中间的植物层次贯穿于景观空间中，要清晰地表现出植物的种植位置。

4.4　景观设计效果图赏析

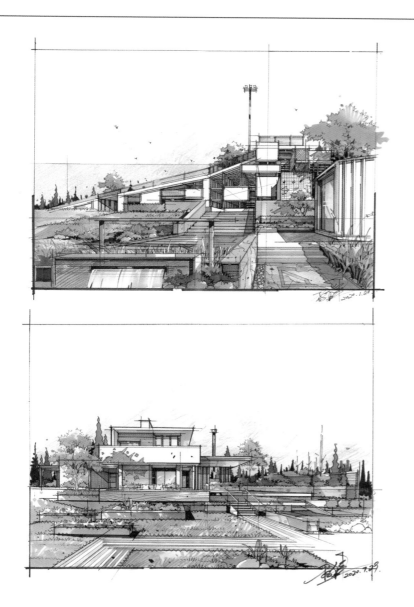

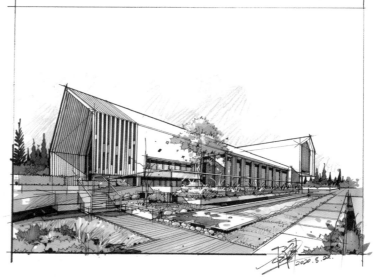

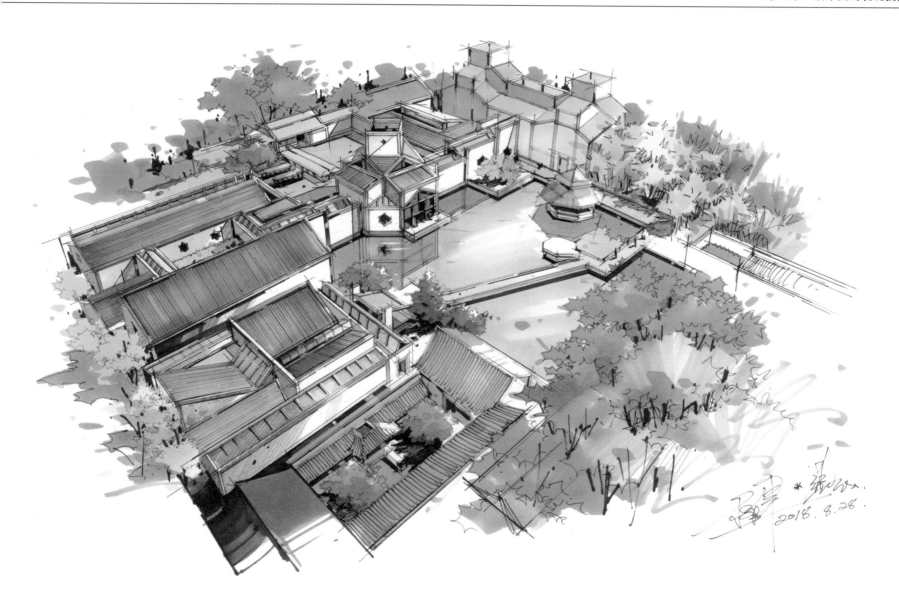

第 5 章
手绘技法在设计方案中的运用

微课视频

第 5 章　手绘技法在设计方案中的运用

设计方案表现包括平面图、立剖面、节点效果图、鸟瞰图。每一种设计图都从不同的角度说明设计者的方案内容，更加全面地帮助甲方理解设计者的思路和想法。

5.1　平面图表现方法

平面图是将画面所有线性关系和图例内容完整清晰表现的设计方案类型之一。常用的元素包括植物、水体、铺装、园林建筑、景观小品及硬质景观。平面图更主要的是表现线性关系，清晰地表现出所有元素之间的大小关系、位置关系及形态，并通过光影的变化表现出竖向内容。

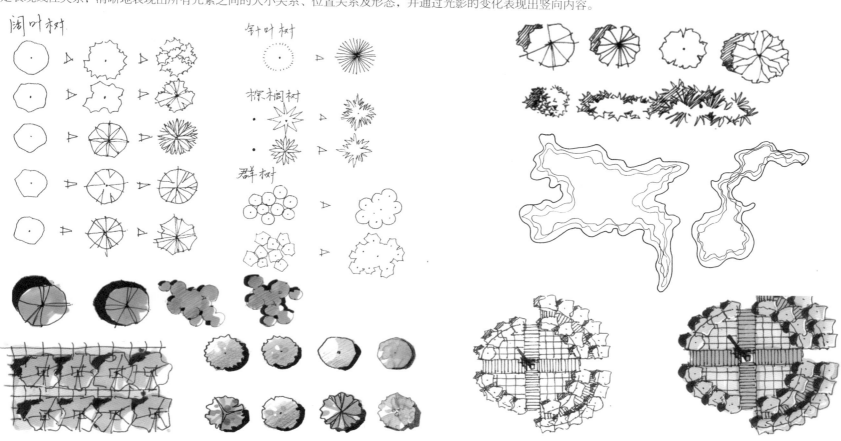

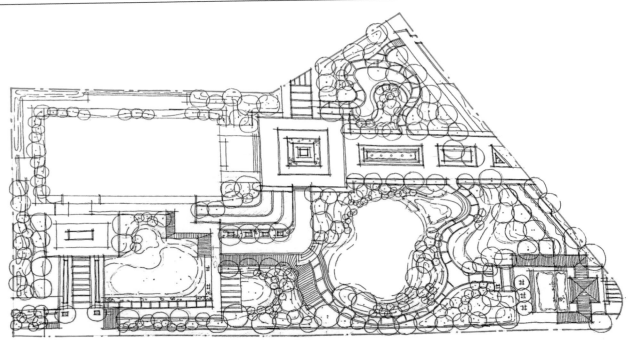

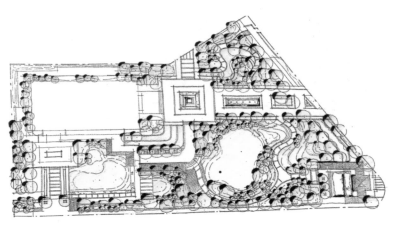

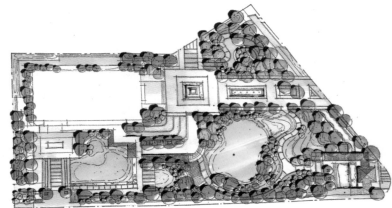

5.2　立剖面表现方法

立剖面图主要功能是补充平面的细节，反映出地形、水体、天际线、植物的林冠线等内容。绘制效果图时应注意以下几个方面。

（1）准确找到地形起伏变化丰富并且景观节点多的位置。

（2）把握好平面尺度的同时也需注意立面上尺度的把握。

（3）熟知常见景观中各元素的标高及尺寸。

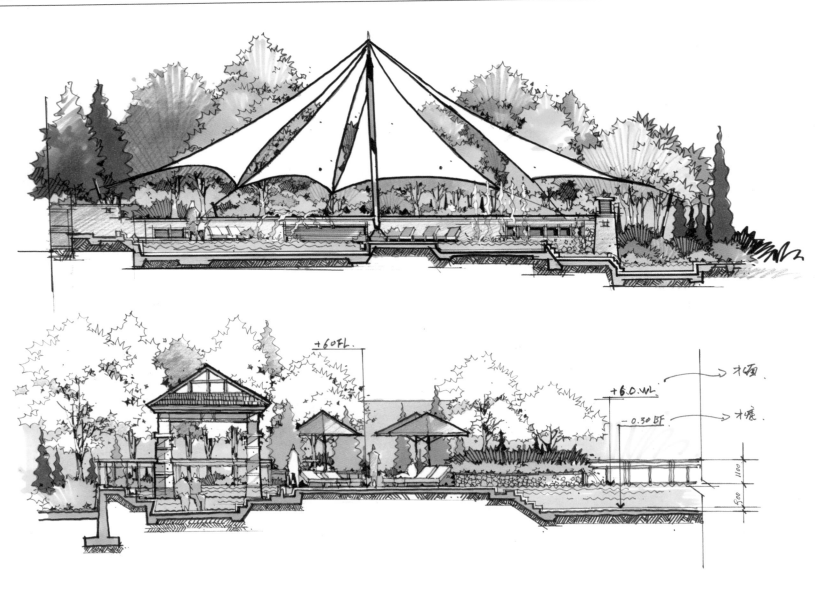

5.3 鸟瞰图表现方法

鸟瞰图是根据透视原理，用高视点透视法从高处某一点俯视地面起伏而绘制的立体图。空中俯视某一地区所看到的图像，比平面图更有真实感。鸟瞰图可以直观地表现出整个空间中各元素的大关系。

鸟瞰图绘制的重点是把握整体透视关系，并绘制主要内容，如出入口、水体等重点区域，次要设计内容可以简略表达。

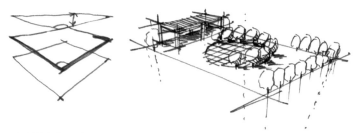

鸟瞰图为三点透视，在绘制鸟瞰图的时候一定要有消失在下方的第三个消失点，但该消失点较远，一般在绘图纸张以外，因此绘图过程中第三点不一定确定得那么准确，只要有三点透视的意识即可。

鸟瞰图表现的难点一：地形。平面图转鸟瞰图的绘制中，前期需要仔细解读等高线的信息，通过透视中的线性关系及根据地形变化的数据确定竖向的高低幅度。绘图过程中要求画清楚边界线，表现出地形的外轮廓和山体间的前后关系。

视点依次升高

鸟瞰图表现的难点二：树丛。平面图中的树丛通过云线表现，再绘制出树冠大小和组团关系。鸟瞰图是在此基础之上表现出竖向内容，其表现方法有两种，如图所示。

方法 1　　　　　方法 2

鸟瞰图表现的难点三：水域。鸟瞰图中可见的水元素包括自然河流、泳池、叠水景观等。鸟瞰图的绘制难点在于表现曲线的造型，矩形相对而言较好处理。要表现造型曲线的自然性和准确性，可以将地块先进行概括处理，通过矩形的参考，并根据网络法给出透视中的地块，再通过辅助性的点和线完整准确地绘制出曲线的内容。

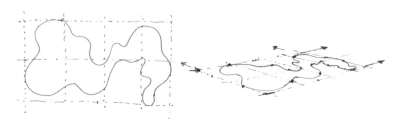

1. 鸟瞰图的绘制

主入口

竹简式墙体

古井节点

镂空墙体

亭廊构筑

听课广场

叠水片墙

次入口

镜屋花坛

叠水景墙
中心广场

观景平台

旱溪景观

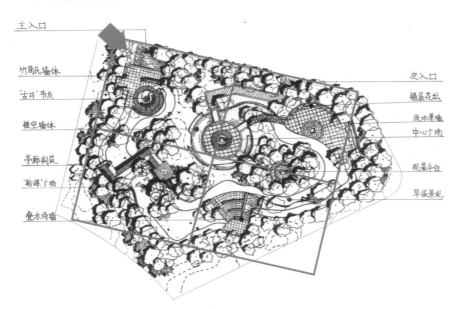

步骤 1：概括地块形态，画出鸟瞰透视。

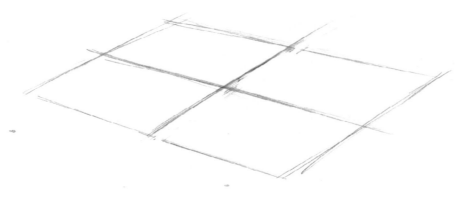

步骤 2：勾画出地块具体形态，并概括地画出主要路线和铺装。

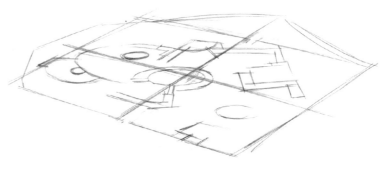

步骤 3：通过线性参考画出竖向内容。

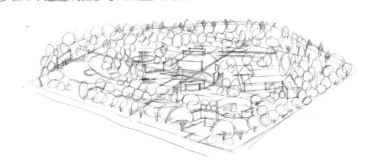

步骤 4：刻画光影关系和主次关系。

步骤 5：用马克笔表现地面景观的内容，如草地、水面、铺装等。

步骤 6：逐步表现竖向内容，如廊架、景墙、乔灌木等。

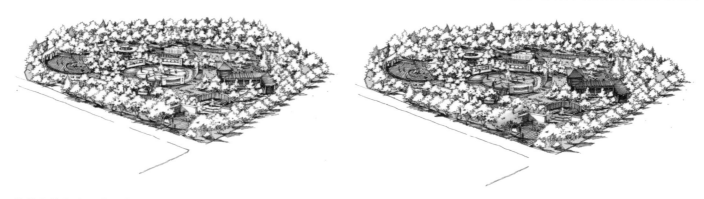

步骤 7：整体完善色彩环境，表现出统一的色彩变化，通过明度层次和对比度刻画出主次关系和空间关系。

2. 平面图转鸟瞰图

鸟瞰图的表现重点因场地大小而不同。小场地侧重于单体和氛围表现；中场地侧重于各元素之间及节点之间衔接关系的表现；大场地侧重于交通流线和功能分区的表现。

此图为中场地大小，分步骤表现平面图转鸟瞰图的过程。

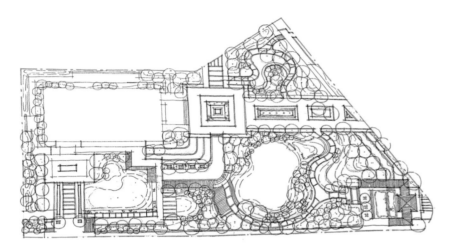

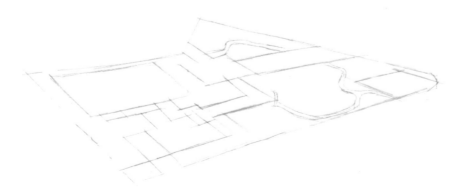

步骤 1：画出鸟瞰透视。

步骤 2：画出主要路线和铺装。

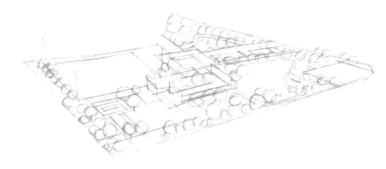

步骤 3：画出竖向内容。

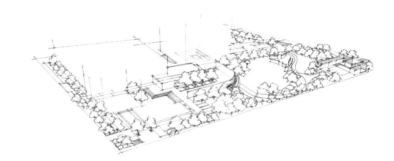

步骤 4：刻画主次关系。

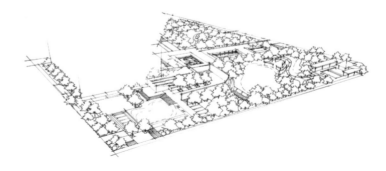

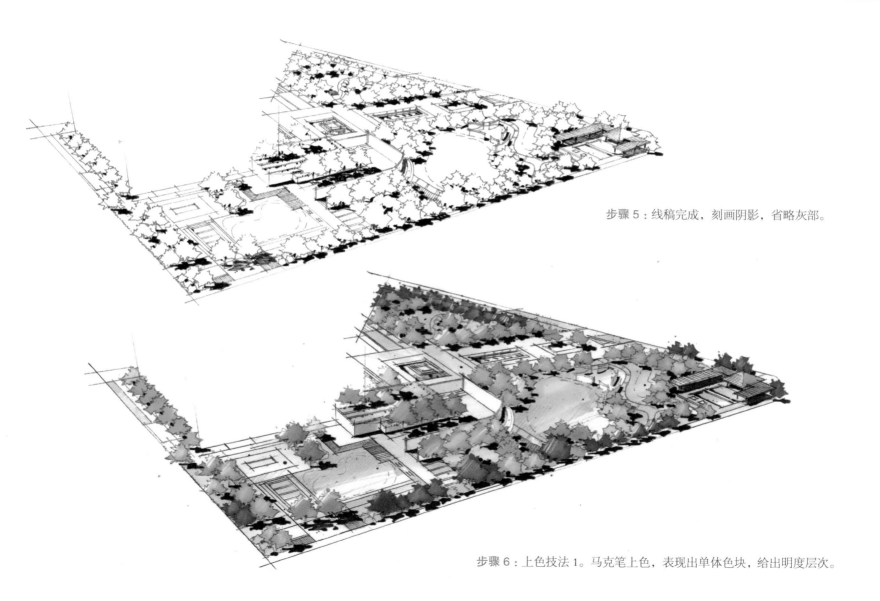

步骤 5：线稿完成，刻画阴影，省略灰部。

步骤 6：上色技法 1。马克笔上色，表现出单体色块，给出明度层次。

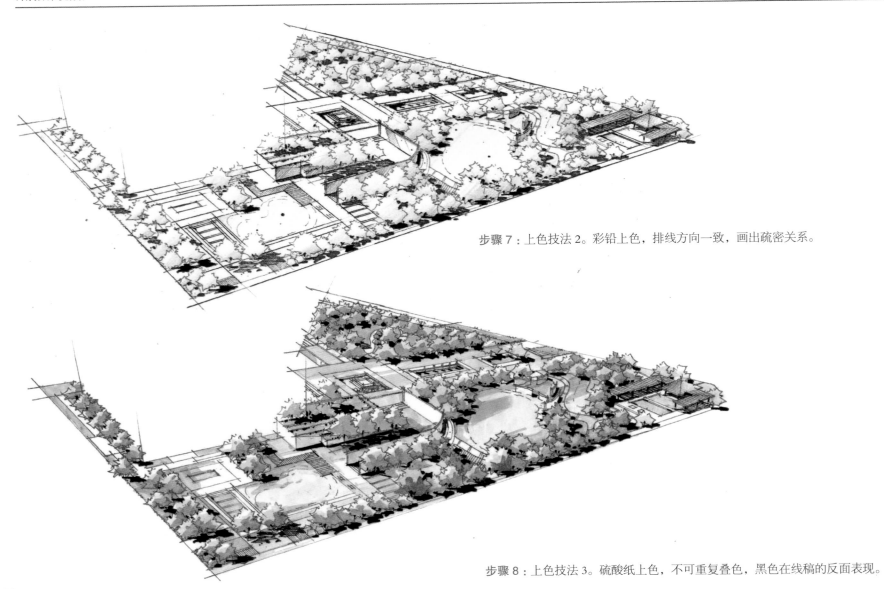

步骤 7：上色技法 2。彩铅上色，排线方向一致，画出疏密关系。

步骤 8：上色技法 3。硫酸纸上色，不可重复叠色，黑色在线稿的反面表现。

3. 鸟瞰图案例

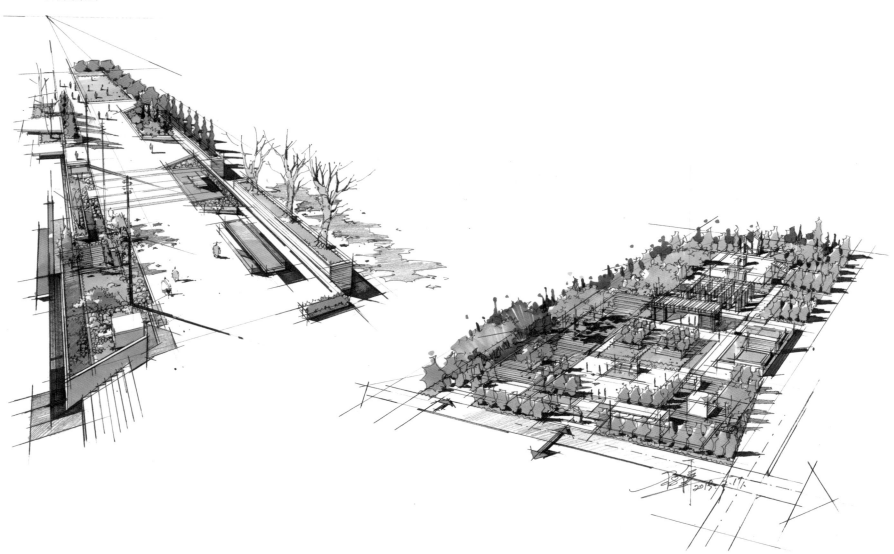

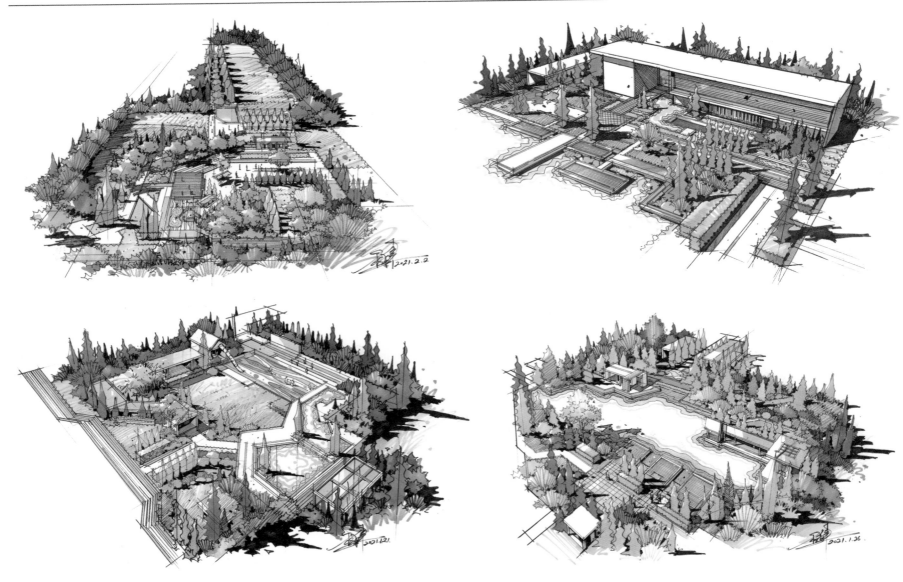

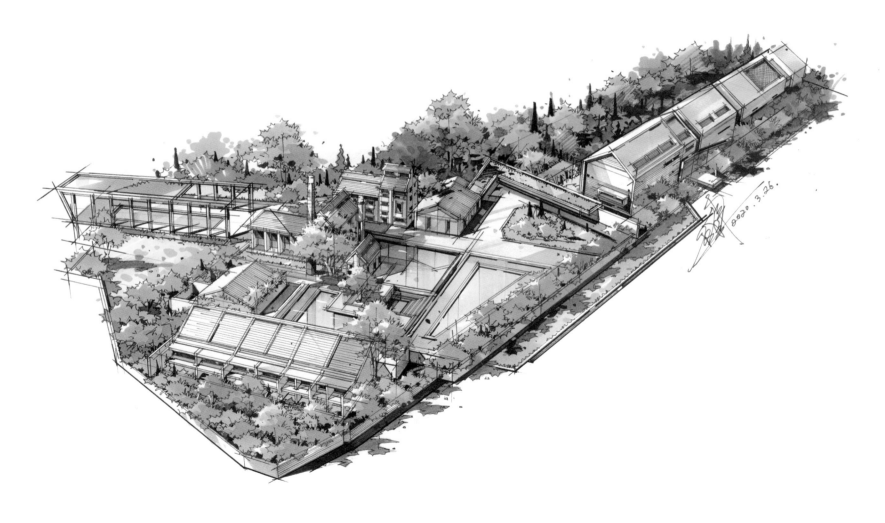

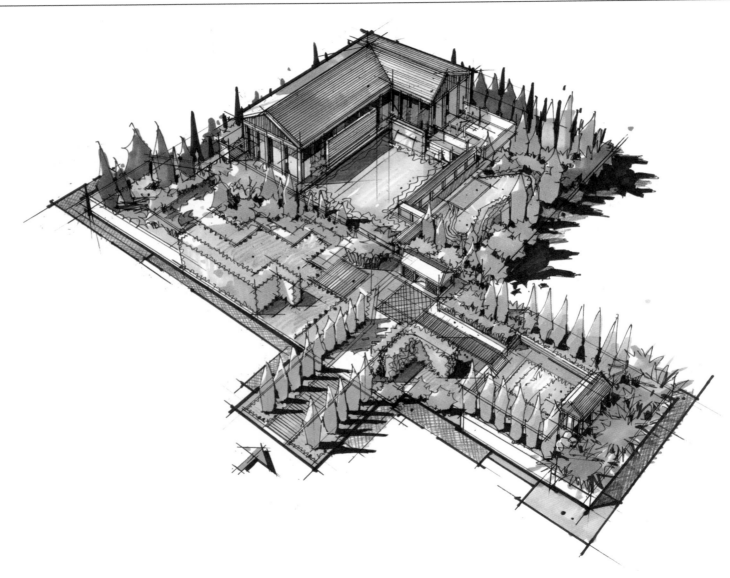

5.4　景观快题设计方案解析

　　快题设计可以培养设计者在短时间内发现问题、分析问题、解决问题的能力及图纸表达能力。

　　景观快题设计要求设计者通过长期的学习，掌握景观设计的基础知识、设计规范及众多相关学科知识，并且不断积累针对不同场地现状的设计手法。在设计手法、元素运用及平面构图相关知识的积累中，临摹并分析平面图是一个有效的学习手段，而一个良好的临摹顺序能起到事半功倍的作用。

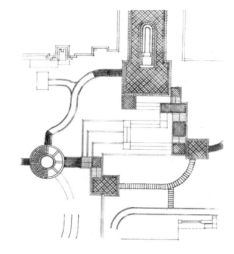

节点设计细化（分析主要节点详细设计内容和元素运用）

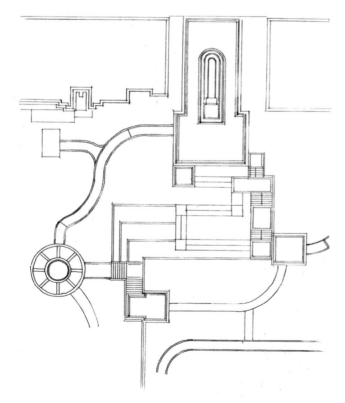

节点轮廓及交通（了解节点设计布局及交通组织衔接）

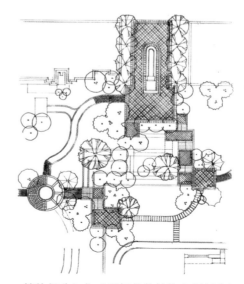

植物部分细化（了解整体植物空间划分）

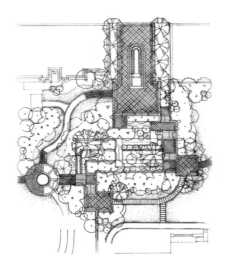

植物部分中下层（丰富植物设计层次）

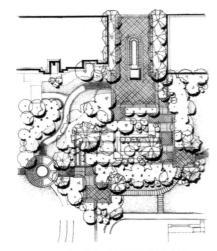

阴影（掌握平面阴影绘制方法）

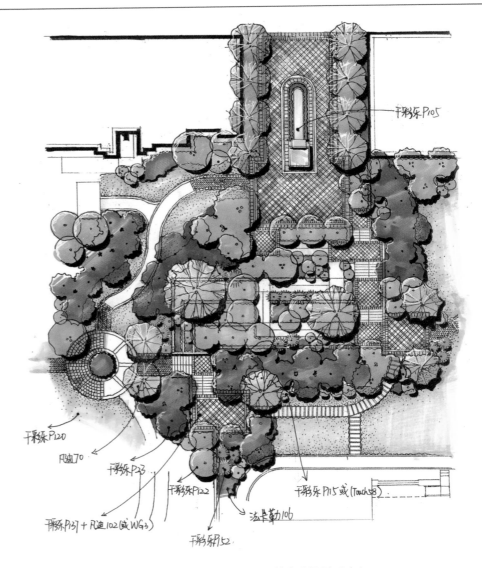

干彩乐P105

干彩乐P120

凡迪70

干彩乐P23

干彩乐P122

干彩乐P137 + 凡迪102（或WG3）

干彩乐52

干彩乐P115或（Touch58）

法卡勒106

颜色（注意平面统一性突出设计重点）

1. 景观快题设计过程实例分析

该场地为 4000 m² 左右市政建筑周边街头绿地，周边环境及设计红线范围如图所示，场地内有几棵古树及一块水池。

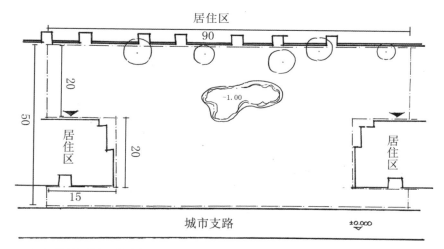

（1）场地区域现状分析及策略推敲。

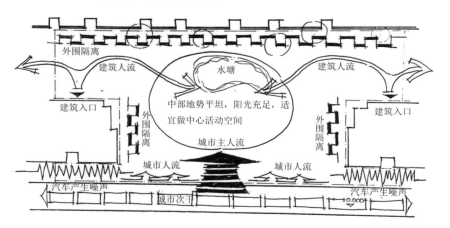

（2）使用者动线组织及视线分析。

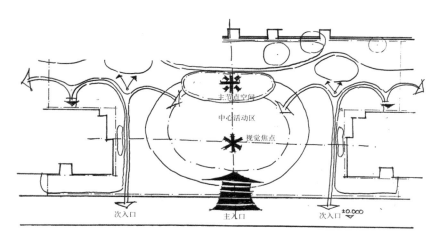

（3）设计内容深化及确定功能区域边界。

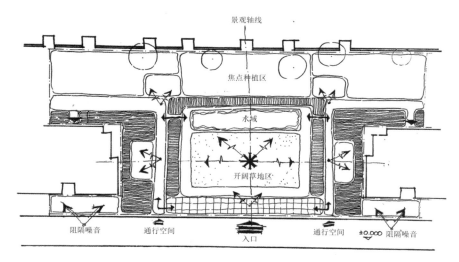

（4）确定平面形式及节点设计细节。

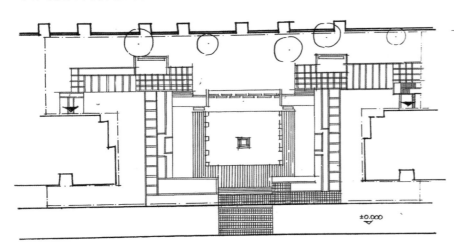

（5）植物种植设计。

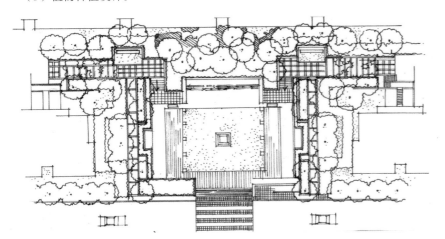

（6）平面图阴影绘制。

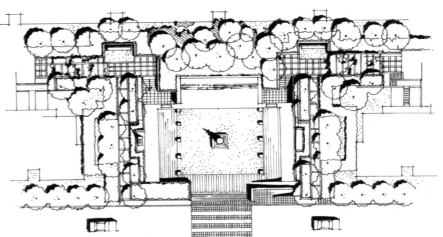

（7）平面图上色。

2. 景观快题设计评判原则

（1）整体性原则。

设计图需充分表达出设计者对整个设计任务的把握，设计的整体性要强，设计图的表达需要完整连贯。

（2）准确性原则。

在符合设计规范的前提下应尽可能满足任务书的具体要求，设计红线面积、功能布局、交通组织、场地现状等要求应该与任务书相符合。

（3）完整性原则。

符合任务书具体要求，没有漏项，没有漏画，没有漏写。

（4）凸显性原则。

效果图应体现设计亮点，在达到任务书要求的前提下构想巧妙，更能突出展示设计者的创新能力，良好的设计表现手法，同时美观的版面设计也更容易受到评图者青睐。

3. 景观快题设计真题解析

真题一："和"主题城市广场设计

以"和"为主题设计一个城市广场，周边环境自定，场地尺寸如图所示。

要求：

1. 平面图一张。

2. 剖面图一张。

3. 效果图一张。

4. 分析图。

5. 设计说明 100 字左右。

真题解析：

关键词："和"主题、城市广场。

解读：本题考察的重点内容是对小场地的空间把控能力、对城市空间的功能理解和定位能力，以及如何将城市小型广场与周边城市环境有机结合，打造高品质的城市休闲广场，为周边居民与过路行人提供一个优质的户外环境。

本地块周边环境自拟，地形没有给予限制，只有南边有单排行道树，给予了较大的自行发挥空间。解题关键为"和"主题，故场地的两种矛盾空间的临界面应为该主题广场的核心景观，可自行设计两种矛盾并将两种矛盾融合协调来表达主题，如使用场地的疏与密、方与圆，地形的凹与凸，功能的动与静，设计的曲与直等处理手法，表达"和"主题，也可用自己独特的设计视角来凸显主题。

本地块周边由建筑包围，四周穿行人流量较大，应提供便捷的交通流线组织，处理好地块周边车行与地块内人行的关系，同时也要避免周边穿行交通对广场内部的干扰。

本地块面积较小，可将其处理为城市的口袋公园，如纽约 Paley Park（佩雷公园）一样，作为建立散布在高密度城市中心区的呈斑块状分布的小广场，运用轻巧的景观小品、凹凸的地形处理、丰富的铺地材质等手法为周边人群提供一个休闲娱乐的城市空间。

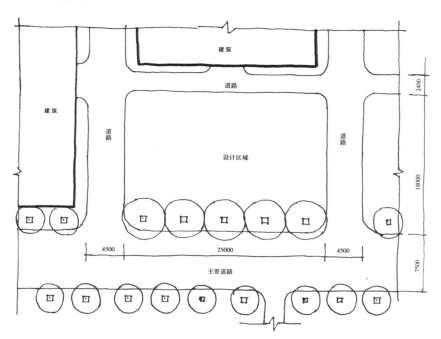

　　此方案整体结构清晰，道路系统明确，对场地尺度把握准确，通过"曲"与"直"的结合设计来完成"和"主题城市广场设计。线条运用娴熟，色彩和谐丰富，整体画面色彩的处理手法值得借鉴。

　　场地内绿地面积稍显不足，铺装面积略大，使得广场内部实际空间的实用性有些薄弱。

　　此方案通过丰富的景观和细节处理满足了城市广场人流量较大而产生的多样化需求，场所的多样性让方案更加鲜活生动。场地交通的轴线性极强，起到了很好的引导作用。

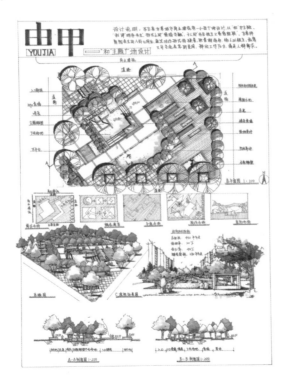

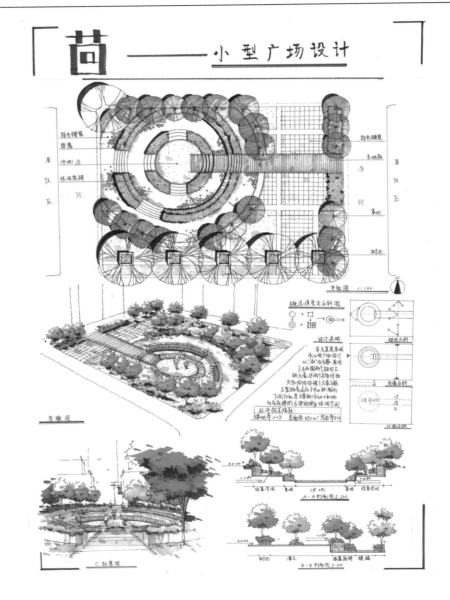

真题二:"互联网 +"主题城市广场设计

以"互联网 +"为主题设计一个广场,广场场地为 50m×50m 的正方形,场地周边环境自定。(开放性命题,无具体设计场地)

背景资料:"互联网 +"。

"互联网 +"代表一种新的经济形态,即充分发挥互联网在生产要素配置中的优化和集成作用,将互联网的创新成果深度融合于经济社会各领域之中,提升实体经济的创新力和生产力,形成更广泛的以互联网为基础设施和实现工具的经济发展新形态。

"互联网 +"行动计划将重点促进以云计算、物联网、大数据为代表的新一代信息技术与现代制造业、生产性服务业等融合创新,发展壮大新兴业态,打造新的产业增长点,为"大众创业,万众创新"提供新环境,为产业智能化提供支持,增强新的经济发展动力,促进国民经济提质增效升级。如"互联网 + 搜索"诞生了百度,"互联网 + 交易手段"诞生了支付宝,"互联网 + 商场"诞生了淘宝。

要求:

1. 平面图一张。

2. 剖面图一张。

3. 效果图一张。

4. 分析图。

5. 设计说明 100 字左右。

真题解析:

关键词:主题城市广场、"互联网 +"、环境自定。

解读:西方学者唐纳德沃思特曾提到,我们今天所面临的全球生态危机,起因不在于生态系统本身,而在于我们的文化系统。"互联网 +"作为时下热门的关注点,是互联网思维进一步实践的结果,为各传统行业提供了广阔的网络空间。回到我们题目当中,运用"互联网 +"思维打造一个小面积的城市主题广场,要将现代化的设计思维表现到广场内部,给予使用者切身体验。

这一主题城市广场可以自拟周边环境,结合景观、网络、艺术、新媒体打造一个极具互动性的开放空间,让该城市主题广场超越传统默认的休闲功能,成为一个展示互联网络新思维的平台。城市主题广场作为一种公共场所,可以在设计中融入互联网思维,为使用者提供具有艺术性、创造性的新环境,让其成为城市的一个标示符号。

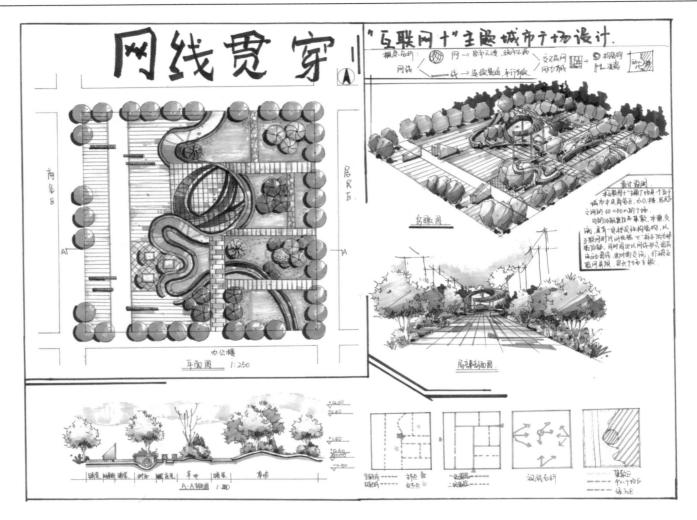

此方案主题新颖，将时下倡导的"互联网＋"概念作为主题融入城市广场设计，符合城市广场满足现代人生活理念的需要。在处理形式上手法灵活，通过曲线与直线的糅合布局广场的整体，轴线感极强。水景的设计贯穿整个空间，丰富了使用者的空间体验。

此方案设计表现手法娴熟，色彩淡雅适宜。美中不足的是局部过于杂乱，缺乏疏密空间变化，道路系统单一。在空间划分和植物布局上增加变化，整体效果会更佳。

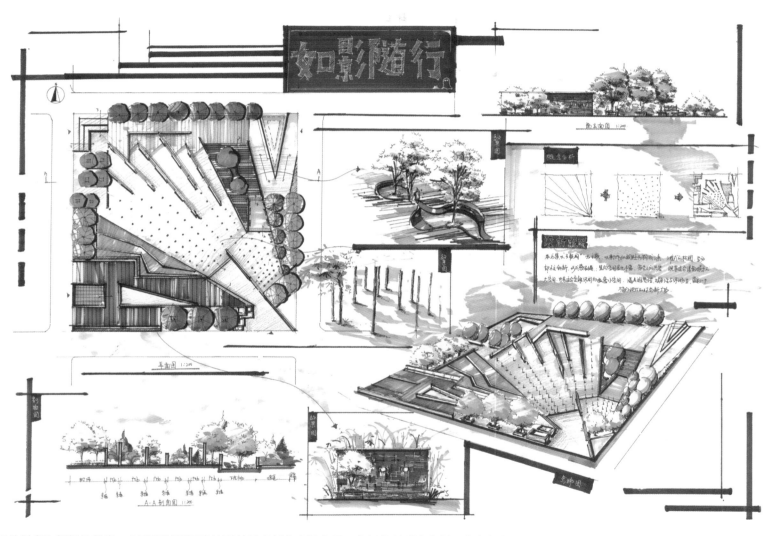

　　此方案场地尺度比例把控得当，主要通过不同的地面材质来划分广场空间。空间处理手法多样，节奏与序列感强烈，导向性明显，树池设计和景观柱设计是亮点。但场地外部环境交代得不清晰，场地内硬质空间过大，略显单调，可增加植物景观和节点小品景观丰富场地内容。

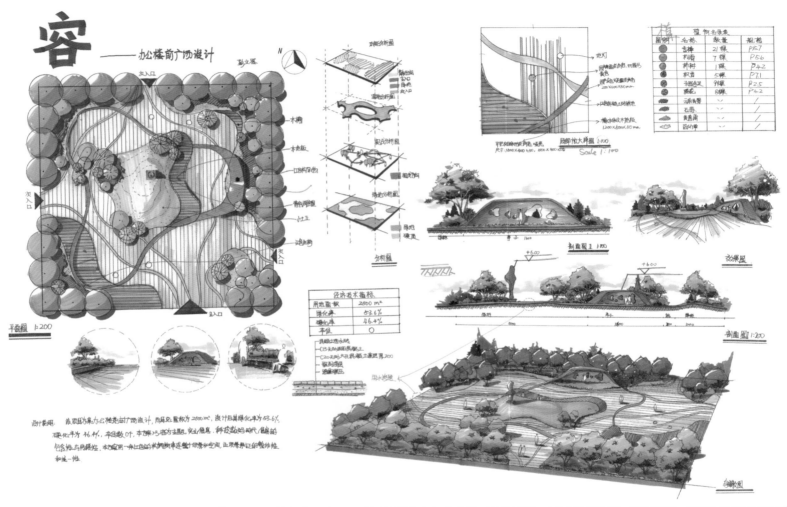

此方案布局形式大胆新颖，脉络清晰，构图简练，周边共留有 4 个入口引导使用者出入和集散，开放性强。通过景观构架、地面植被、道路三层系统组成整体广场布局，实现多层次的空间体验。

此方案的鸟瞰图与平面图对比略有失真，还需增强绘制鸟瞰图的把控能力。版面色彩协调统一，红色飘带为整体场地亮点。

真题三: 城市中心公园设计

以 "变化的空间" 为主题设计中央商务区开放公园。

项目背景 : 用地原为砖厂及取土区, 由于烧砖取土产生取土坑和积水区, 地形比较复杂, 无植被。新的城市规划已将该用地规划为城市中央商业区, 并保留原用地中取土区部分, 约 1.9 公顷, 拟建成中央商务区开放公园。用地周边环境如图所示, 南侧有一城市内河由东向西流经用地, 水位稳定 ; 北侧为城市道路和高档社区 ; 西侧为大型购物中心和步行街 ; 东侧为城市道路、停车场和商务办公区。

要求 :

1. 总平面图 (1 : 400) 包括道路交通规划、功能规划、景观规划和植物景观规划。
2. 相关分析图。
3. 典型位置剖面图 (1 : 100)。
4. 设计效果图。

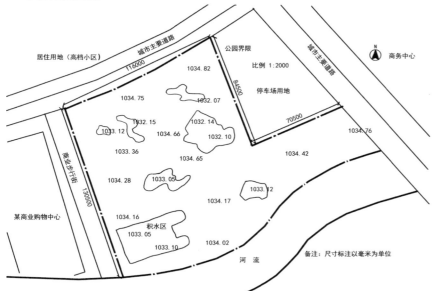

真题解析:

关键词 : 开放公园、地形复杂、变化空间、内河、中央商务区。

解读 : 城市中心公园作为城市居民休闲娱乐的重要场所, 应兼顾城市生态系统、城市景观双重作用。一个好的城市中心公园既是休闲传统的延续, 更是城市文化的体现。在公园空间设计领域中, 应充分考虑居民的行为特点及心理特点, 结合周边高档社区、商业中心、商务中心的特点, 在满足居民安全、休闲、交往的前提下, 营造有吸引力的城市中心公园。考虑到场地原基址的特殊性, 可最大限度地保留场地的历史和自然信息, 对旧的景观结构和要素重新阐释, 为静态景观注入动态元素, 营造变化的空间。

本题中公园原用地为砖厂及取土区, 地形复杂, 有多处地形凹陷, 可考虑将其推成缓坡状, 创造出富有变化的地形。考虑到城市中心公园位于采矿及取土区, 今后有可能会发生地形变化, 园林景观可以以植物造景为主, 避免大型的硬质景观。在植物选择上, 充分发挥原生植物改造城市环境的作用 ; 植物配置选用乡土树种, 突出本地特色。场地南区有一块积水区, 由于面积偏大, 建议保留。结合红线外城市河流、城市的排水与泄洪功能, 营建景观水体, 综合治理污水, 还可以结合设计适当调整水面, 开展水上观光游览活动。

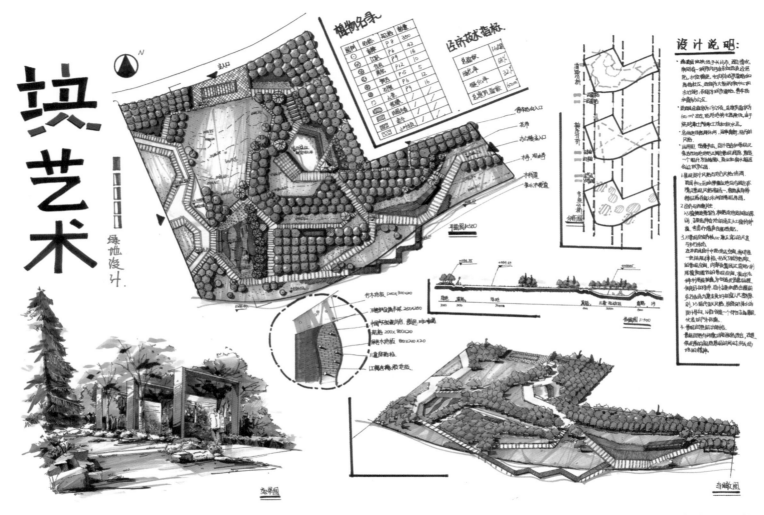

此方案以折线型和矩阵式树阵为主体分隔空间，不同场地之间界定清晰，主次明确，尺度把握适宜。植物设计把握较好，能够借助植物营造更好的景观效果。广场空间的打造给人们提供了中心活动空间，但对原水体空间的处理欠妥。

此方案版面整洁美观，色彩表现力强，表现技法熟练，鸟瞰图略显粗糙。

此方案将场地原有地形加以保留和利用，营造了丰富的竖向设计空间。在保留原有水体的前提下营造滨水景观空间，丰富景观效果。方案主次入口清晰，空间划分明确，交通道路系统基本满足行人需求。但次级道路系统稍显混乱，合理性还需推敲。

此方案马克笔运用熟练。另外，此方案的分析图需增加必要的文字说明。

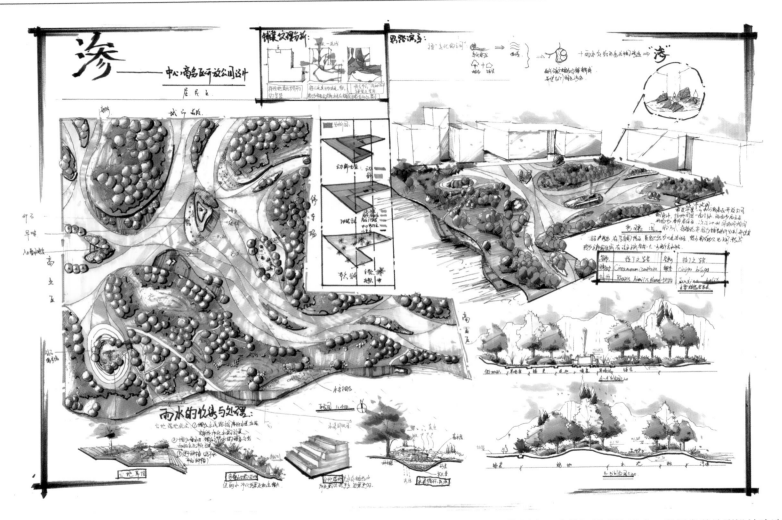

此方案以流畅的曲线为设计元素，硬质空间和软质空间所占比例适宜，空间划分具有趣味性，能够满足使用者日常休闲娱乐的需求。利用多种地形设计改造原有场地，道路铺装稍显空旷，缺乏内容，与周边环境衔接不紧密。

此方案线条运用熟练，马克笔上色色彩丰富，感染力强。

真题四：滨水公园设计

该场地位于某城市滨水绿地的一部分，设计时需要考虑整个滨水绿地的整体性，注意与周边绿地的联系。场地内最大高差近 6m，设计时需要考虑高差。

要求：

1. 设置一个可容纳 20 辆机动车的停车场。

2. 设置一个自行车停车场。

3. 在场地内合适的地方设置一个 1000m² 的综合型建筑（茶室、卫生间、管理于一体）。

4. 建筑外部设置露天茶座和小型儿童娱乐场地。

5. 设置一个小型游船码头。

设计任务：

1. 平面图（1∶600）。

2. 鸟瞰图一张。

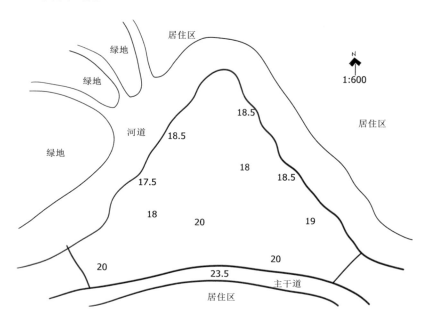

真题解析：

关键词：滨水绿地、高差设计、综合建筑、游船码头、游乐场地。

解读：滨水公园依水而建，滨水公园景观设计应充分利用自然、人文资源，增强水域空间的开放性、可达性，为市民提供观赏、休息、文化、交流的公共绿地。在设计景观的同时兼顾城市的文化内涵和品位，甚至兼顾一定的商业价值。滨水公共空间作为改造城市环境的"绿肺"，在改善生态环境、促进生态循环上也应该发挥一定的作用。

本题中场地位于南方某城市滨水基地，两面环水，一面环路，且内部高差较大，在滨水绿地设计中要结合场地实际情况，本着滨水空间的开放性原则，塑造场地景观的开放性、可达性和亲水性，同时彰显场地的文化性特征。在交通系统设计上，既要保证使用者能够欣赏步移景异的滨水景观，也要保证使用者彼此的交流互动。

由于原基址地形较复杂，高差差异较大，可考虑结合基地现状高差，布置如亲水平台、生态植被、游览步道等内容，丰富景观序列形式，增强滨水公园的立体化景观效果。在植物景观营造上，应注意结合水生场地的实际，在水岸周边考虑通过水生植物来围合场地空间。由于题目中明确要求有建筑、停车场、游船码头设计，因而如何将这些内容与滨水绿地协调统一，也是设计者需要重点考虑的内容。

此方案结合了基地的自然和人文特征，通过大尺度草坪、建筑物、滨水驳岸的设计给使用者强烈的视觉冲击。公园内部提供多种娱乐区域，便于使用者在此休闲娱乐。在植物上结合了滨水地域特征，营造了湿地景观。

此方案彩铅表现细腻，设计手法娴熟，版面整洁紧凑，场地尺度把握准确。

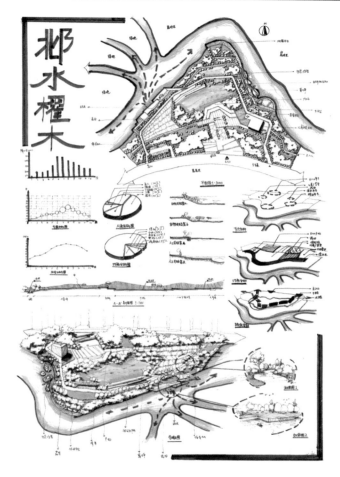

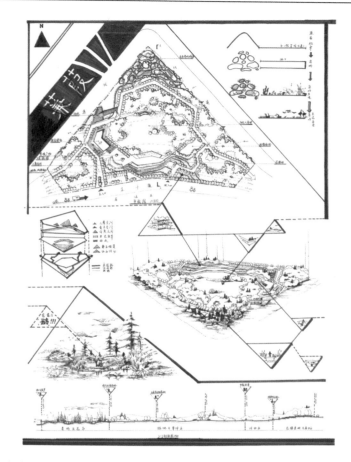

此方案尊重场地肌理，将场地轮廓作为公园绿地内部空间序列走向，协调了场地与周边环境的关系。场地空间划分清晰，交通系统明确，丰富的细节设计能够增加公园的可观赏性和参与性。美中不足的是植物配置稍显不足，导致小空间琐碎，整体性不强。

此方案的分析图表现新颖，值得借鉴，鸟瞰图透视准确，表现到位。

此方案对空间尺度的把控较好，对原有驳岸的生态性改造体现了滨水公园的生态性特征。折线型空间布局简洁，节点细节设计到位，植物空间围合较好，能够给予使用者不同的体验，增加了使用者的参与性。建筑及停车位设计合理，符合使用者的功能性需求。

此方案线条熟练，版面设计新颖，黑白色调的视觉冲击力强，效果图表现较好。

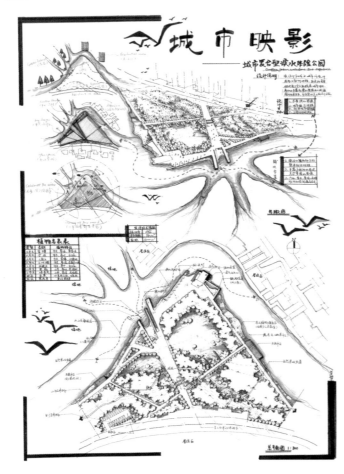

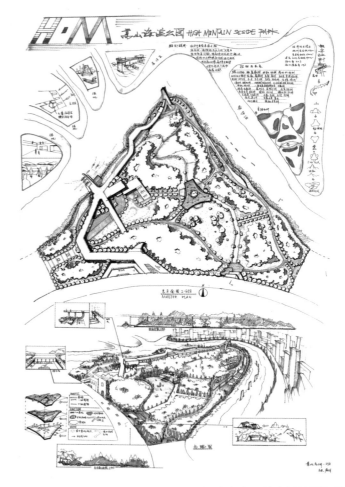

　　此方案结合红线外周边环境来设计滨水绿地，将公园与外部环境融为一体，主次道路划分清晰，空间结构明确，滨水空间处理丰富，对城市公园理解准确，但对内部高差的处理和竖向设计空间表达不充分。

　　此方案版面整洁舒适，色彩表达清新简洁，若能对应题目要求对建筑、游船码头等设计给予更详尽的表现会更好。

　　此方案根据自身设计需求对滨水驳岸适当加以改造，整个场地更加统一和谐。高架桥式的观景平台是方案的设计亮点，既满足了使用者在其中观景眺望的需求，也解决了场地的地形高差。植物配置丰富，乔灌木搭配多样，但林缘线稍显死板。

　　此方案整体表现较好，色彩浓淡适宜，分析图表现仔细，鸟瞰图把控力强。

真题五: 步行街入口广场设计

场地位于广州西关某骑楼商业步行街改造项目的入口区域, 红线 (虚线) 范围内为设计范围, 范围内建筑原则上可拆迁, 场地总面积约 1200m²。场地西南侧连接商业步行街, 东北侧连接城市次干道, 次干道另一侧为城市商业铺面。场地内有一棵百年古榕, 场地南侧中部为民国时期修建的老祠堂, 周边建筑基本为同时期二层砖混民宅。场地标高为 7.00~9.50m。

要求 :

本设计包括两个部分, 入口广场规划设计和游客信息中心建筑设计。

1. 与商业街的功能联系, 承担商业街入口节点功能。

2. 要求保留古榕树。处理好道路、广场、园林、商业街的高差关系, 并满足环境无障设计的要求。

3. 场地设计及交通设计, 场地范围内结合道路考虑 3 个小型客车临时停靠位, 不需要考虑固定停车位。

4. 游客信息中心建筑层数为一层, 能够承载入口广场的形象和相关基本功能。

真题解析:

关键词 : 商业步行街、入口广场、游客建筑、岭南特色。

解读 : 不同高校的出题思路往往带有明显的地域特色, 本题将场地的基址定位在广州西关某骑楼商业步行街的入口广场。提醒考生要学会从不同地域园林特色入手去设计方案, 才能做到因地制宜。题中的步行街商业广场设计, 需建立在对岭南园林、骑楼建筑、广东民宅的特色有一定了解和把握的基础上。该场地共 1200 m², 面积不大, 再结合岭南造园规模小的特点, 广场的设计应以静观近赏为主, 动观浏览为辅。结合步行街入口广场的功能要求, 保证人流的集散和道路的通畅性。

在方案设计中, 除满足人流汇聚和引导的基本功能之外, 还应该发挥骑楼风格商业街的形象展示和地域标识别功能。本步行街入口广场的场地分析非常重要, 原有地形高差较大, 需要通过方案设计在保证景观效果的同时满足人们的行为需求, 并设置临时停车位。老祠堂周边需满足园林为建筑服务的需求, 原有榕树需在保留的同时做到整体入口景观的融合。而游客信息中心建筑也是设计重点, 应兼顾建筑的功能以及与周边环境的协调。

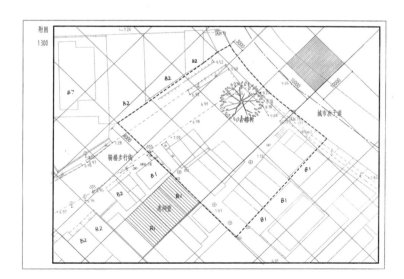

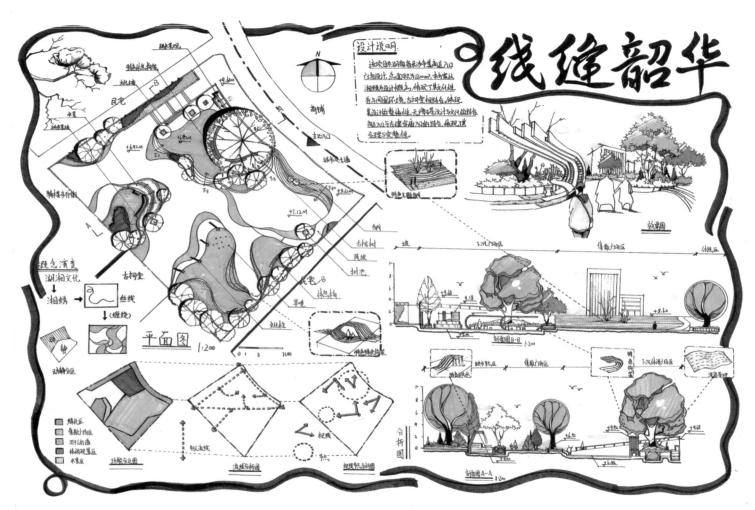

　　此方案简洁流畅，曲线型景观与道路的处理使商业入口更为活泼生动。通过台阶与跌水景观巧妙地解决了场地高差，林下空间的设计丰富了入口广场的实用性。方案主题突出，能够结合地域文化突出场地的标识性。空间开阔，可满足人流集散的需求。

　　此方案色彩淡雅清新，版面紧凑合理，重点突出。植物配置稍显不足，还需加强。

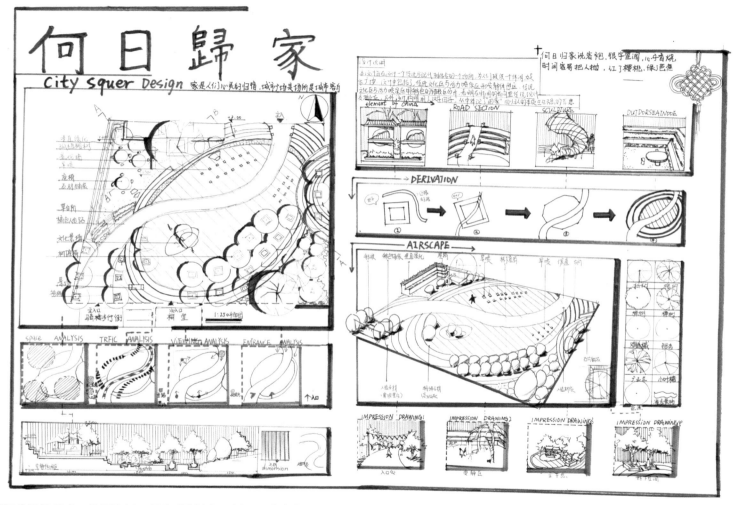

此方案以椭圆为设计元素，构图流畅，道路系统清晰，景观细节丰富、主次明确，动静区域有区分。竖向空间设计丰富，乔灌草搭配合理。但该场地作为步行街入口广场标志性和引导性不强，还需调整。

此方案为单色方案，表达简洁新颖，版面新颖有序，鸟瞰图稍显简单，还需丰富细节，分析图可增加文字说明。

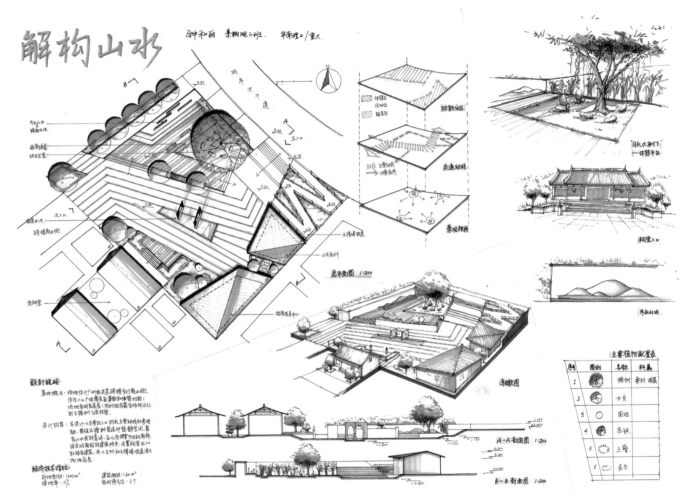

此方案采用折线型布局来体现与周边城市环境的契合，入口与空间划分符合场地定位。水景与几何形式的微地形处理可满足使用人群的实际需求。设计者可考虑在铺装形式上加以区别，以求更好地界定各空间的不同功能。

此方案色彩淡雅，排版简洁清晰，但鸟瞰图与效果图透视失真。如能结合标题"解构山水"做出概念演变分析会更好。

真题六: 商业广场景观设计

商业广场景观设计方案主要为大型住宅社区，商业、饮食、娱乐、办公建筑群内的休闲娱乐综合体景观设计。

要求：

1. 合理规划步行街的游览路线，带状与面状景观设计满足步行游览、娱乐性、休闲性。

2. 合理规划临时停车位，商业餐饮建筑的供给通道。

3. 景观设计立意为现代与时尚的新型社区，休闲、环保、休息等功能性设施的设置。

4. 广场内为步行区，考虑消防通道，通道不少于 3.5m。

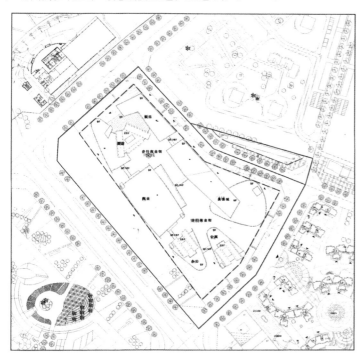

真题解析：

关键词：步行区、商业街、现代时尚、休闲娱乐景观设计、新型社区。

解读：本题中场地周边建筑类型丰富，考察设计对周边地块定位的精准性，如何处理好场地与办公、商业、娱乐等周边环境的衔接是设计重点。商业区主要为人们提供步行、休憩、社交等功能的场所，需要将商业街中的景观元素与场地的高品质现代时尚的定位结合起来。本场地作为线性带状商业街，具有视觉引导性。可考虑在设计中增添流动空间和休憩空间。其中流动空间引导行人双向流动，休憩空间留给人们驻足停留。

周围高容积率的建筑格局，使得场地内部具有高流动性和大人流量的特点。场地中间的娱乐、商业、美食、建筑中间的地块，功能上需要聚集人气，吸引人们互动参与，一侧的办公与公寓周边一般仅需提供上下班和中午时的短暂休息，另一侧的酒店周边则需要打造突出酒店主题空间的"景观 + 文化"一体化的户外空间。因此，需要根据场地不同地理位置的潜在使用需求，做好各场地景观设计，做好各部分区域衔接。考虑到场地设计是以现代与时尚为主题，可在其中加入水景、景观立构、植物造景等现代化气息浓厚的景观小品来渲染新型社区商业街氛围，打造场地的高品质和独特性。（参考案例：日本东京六本木新城 Roponpgi Hills、日本福冈博多运河城）

在交通方面，要求中已明确说明需考虑临时停车位和消防通道，因而在设计之初就应将交通流线考虑在内，做好商业步行街的人流疏散和聚集。同时通过交通流线设计避免对局部建筑的使用干扰。

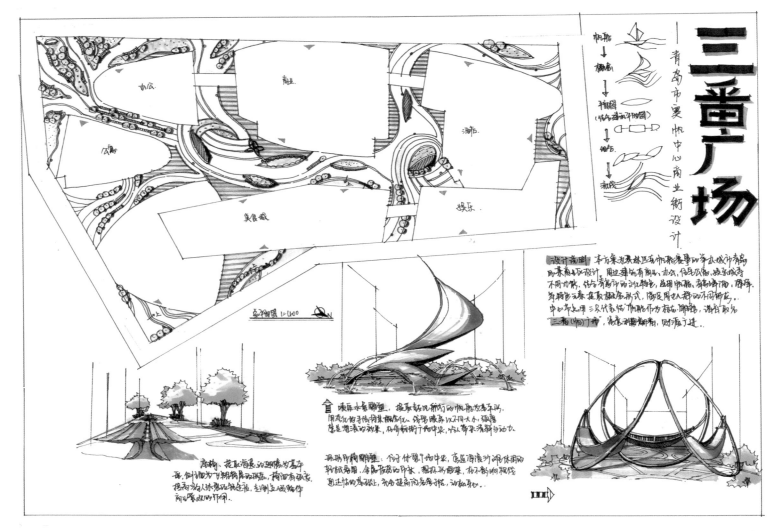

此方案构图简约统一，采用流畅的曲线设计和元素布局贯穿整个商业街，空间脉络清晰，尺度适宜，采用的风帆元素与设计主题呼应，整体版面和谐完整。
此方案考虑了周边建筑的潜在使用特点，与周围环境衔接较好。但商业街内部空间稍显单调，可考虑适当丰富景观元素，增加行人空间体验感和趣味性。

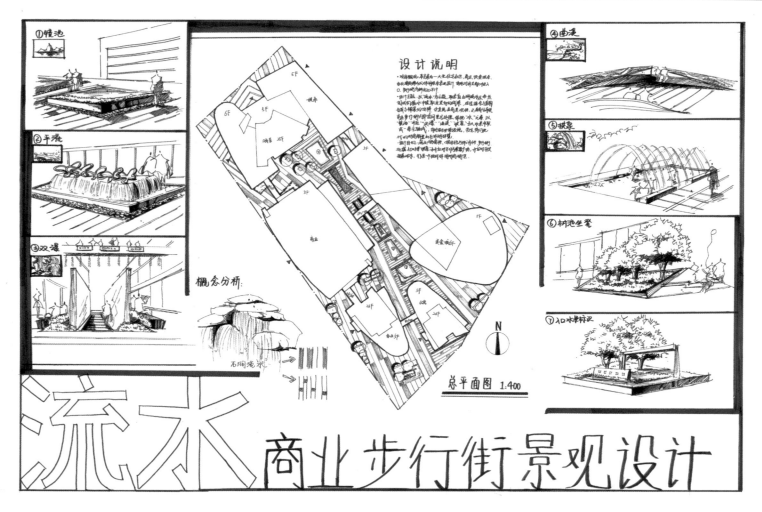

此方案采用直线型布局，运用几何形、大小不一的节点广场对线性商业街进行"分段"，形成了疏密有致、空间变化感强烈的外部步行广场。在入口外部空间上运用退让及扩张等空间收放的处理手段，使得场地本身与外部环境形成较好的过渡。

此方案整体构图清晰，版面布局合理，黑白线条流畅，效果图表现突出，主次适宜。

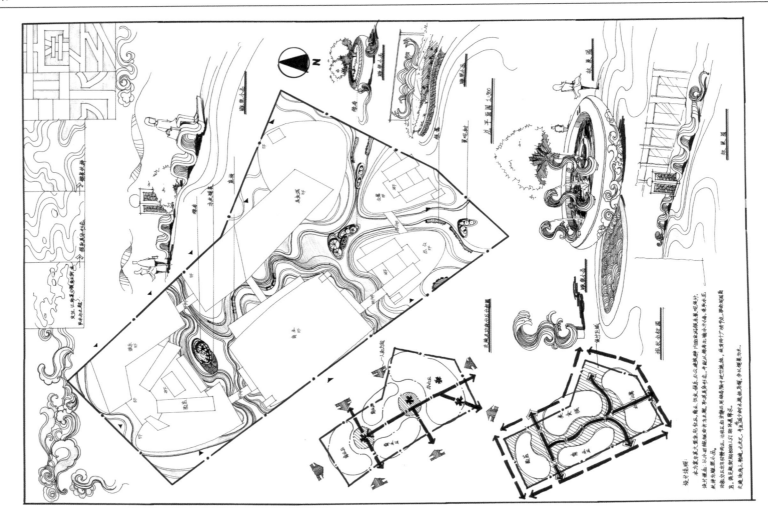

此方案将设计主题贯穿于平面构图和景观小品设计的方方面面，设计与主题呼应，设计元素表达娴熟流畅，对线条表现的运用较好，画面干净和谐。将建筑、人行道和露天空间交织穿插，营造出城市与步行街完美融合的景象。新颖的节点设计，延伸了视觉的深度，增加了空间的流动性。

此方案版面布局合理，主次分明，分析图表达清晰。不足之处是场地内部景观较少，使设计显得单薄，不足以营造出休闲娱乐的景观氛围。

真题七：棕地公园景观设计

场地位于南方某城市靠近郊区的地方，地势南高北低，面积近 20000m²，原来是煤炭生产基地，现在已经废弃。场地外围东、西、南三面环山，使场地形成一个凹地，背面为城市道路和绿地，场地的内部还有一条城市的排水渠，宽 4m。场地被中部一个高约 4m 的缓坡一分为二，分为地势平坦的两块场地。

要求：

1. 充分利用场地的外部环境和内部特征，通过景观规划设计使其成为市民休闲游憩的一个开放空间。

2. 场地中要求规划有集茶室、咖啡室于一体的休闲建筑，可设计 1 个，也可以分散设计。

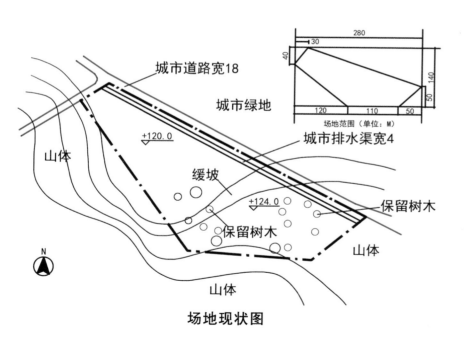

场地现状图

真题解析：

关键词：南方场地、休闲游憩、建筑设计、4m 缓坡、凹地。

解读：棕地是指被遗弃、闲置或不再使用的前工业和商业用地及设施。棕地公园的景观设计应最大限度地实现对其的转型应用，改变周边环境质量，体现对城市的保护，展现景观的新文化和可持续发展理念。题中对废弃煤炭生产基地的改建除了要满足休闲公园基本的功能需求外，还应从环境的视角出发，解决土壤、植物、水文等问题。

该场地的地势南高北低，场地中间有 4m 的缓坡，周边有山地和城市排水渠，现有地形较复杂，在设计时应利用好现有资源，做到棕地公园改建的因地制宜性。在棕地公园的特殊性功能方面，可考虑重新建造生态景观，通过景观设计唤起人们对自然和煤炭工业的历史回忆，并将此作为园区的设计亮点。在保留场地现有植物的基础上，可适当丰富植物景观，营造集市民休闲、娱乐、教育文化于一体的大众性公园，最大限度地利用场地的原有素材，同时也可为青少年和儿童的教育提供创新基地。（参考案例：上海辰山植物园、德国北杜伊斯堡公园、西雅图煤气公园）

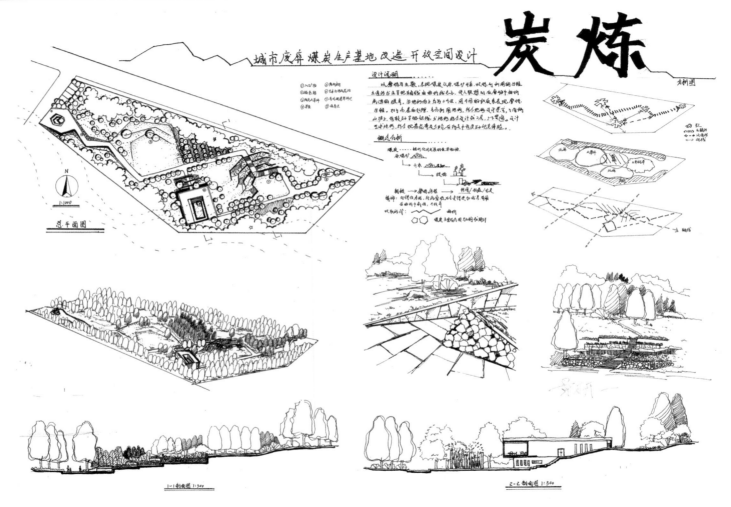

此方案在保留废弃煤炭基址的基础上，利用原有场地元素加以改造。入口设置合理，空间划分明确，交通系统的设置能够满足日常休闲活动的需求。中心景观以大面积草坪为主，以保证两侧视线的通透性。在缓坡的处理上，利用坡道、台阶、平台连接上下两块场地。

此方案线条运用熟练，建筑布局合理。鸟瞰图和剖面图可适当增加标注。

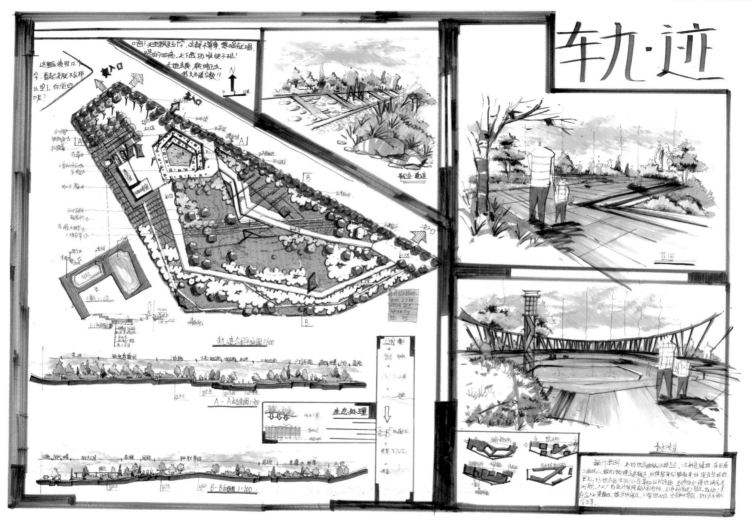

　　此方案采用折线型设计来贯穿全园,将主题渗入场地内部的多个细节之中。通过景观节点和植物空间的营造,形成了富有体验性和趣味性的公园空间。画面色彩感强,马克笔运用熟练。版面中增加的生态处理和工程材质细节是画龙点睛之笔。

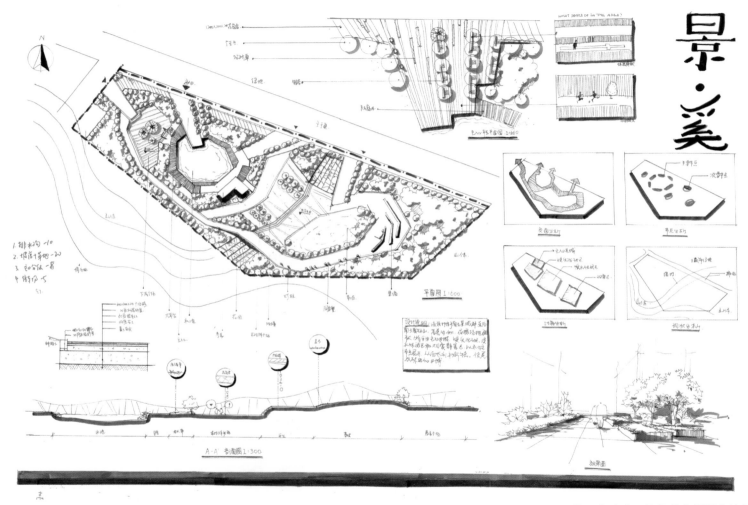

　　此方案设计较具个性，不规则形式的节点突出了场地原有工业废弃旧址的特征。场地内部景观细节设计丰富，可提升游览的体验感。植物的空间围合较好，但硬质铺装面积稍大。

　　此方案采用单色表现，感染力强，对线条表现的运用熟练，但还需增加必要的设计说明。

真题八：城市滨水休闲广场景观设计

场地位于海口市，为热带海洋季风气候，全年日照时间长，全年平均温度 23.8℃。自北宋开埠以来有千年历史，2007 年入选国家级历史文化名城。

场地位于海口中心滨河区域，总面积 11600m²，南为城市主干道宝隆路（48m 双向 6 车道），对面为骑楼老街区，始建于南宋，为标志性旅游景点。场地北临同舟河，河宽 180m，北岸为高层住宅，同舟河一般水位为 3m，枯水位为 2m，规划为百年一遇的防洪需求，百年一遇的防洪标高为 4.5m；东侧为共济路（22m 双向 4 车道），为城市次干道。场地内西侧有 20 世纪 20 年代末建造的灯塔一处，高约 30m，东侧有几棵大树，其余为一般性植被或空地。

要求：

1. 场地要求规划一处滨河休闲广场，以满足居民日常游憩、聚会和集散的需要，要求既考虑城市防汛安全，又能保证一定的亲水性。

2. 地下小汽车停车位不少于 50 个，地面旅游巴士（45 座式）临时停车位 3 个，自行车停车位 200 个。地下停车区域在总平面图上用虚线注明，地上车位需要明确标出。布置一处节庆场地，能满足 500 人以上的集会所需，并作为海口市一年一度的骑楼文化节开幕式场地。

真题解析：

关键词：防洪、临时停车、地下停车、节庆场地。

解读：城市休闲广场在提高城市活力、体现城市形象方面作用重大，而城市滨水休闲广场更应具有丰富的景观内容和较强的识别性，同时兼顾市民活动、文化展示、休闲娱乐的作用。该场地地处海口，历史悠久且周边环境有明显的地域特征。因而在进行方案构思时要结合实际情况，本着城市休闲广场的开放性原则，彰显出地域特色。在交通系统设计上，既要保证游览者能够欣赏步移景异的滨水景观，也要保证游览者的交流互动。

本题中滨水休闲广场应注意与城市整体空间结构的融合，创造开放性的绿地空间，突出建筑物及骑楼的历史特色。题中提到的关于滨水驳岸的设计，应兼顾景观和防洪的双重需求，处理好安全与亲水的矛盾。关于停车位的设计，应注意地下停车位的上方不宜设置大体量建筑物，也不宜种植大乔木以及深根系植物。由于原场地地形较复杂，高差较大，可考虑结合场地现状，布置如亲水平台、生态植被、游步道等内容，以丰富景观序列形式，增强滨水公园的立体化景观效果。原有大型乔木建议保留，植物配置要适宜热带海洋季风气候的环境。

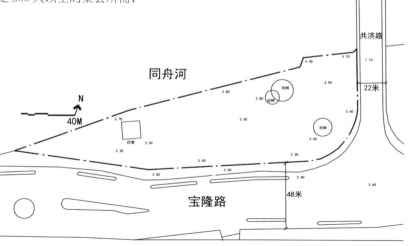

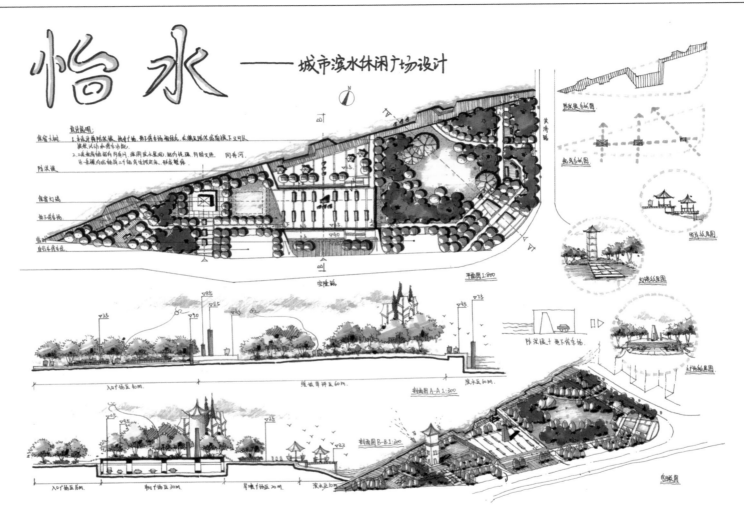

此方案道路系统清晰，空间划分明确，植物种植疏密有致。通过硬质空间与软质空间的设计带给人们强烈的视觉感受。广场内部景观细节设计丰富，为人们提供了休憩、交流的场所。但滨水空间设计单一，还应结合滨水驳岸的生态性和观赏性进一步丰富设计。

此方案的马克笔运用熟练，设计手法娴熟，竖向设计空间表达丰富，但还需增加设计主题分析的内容。

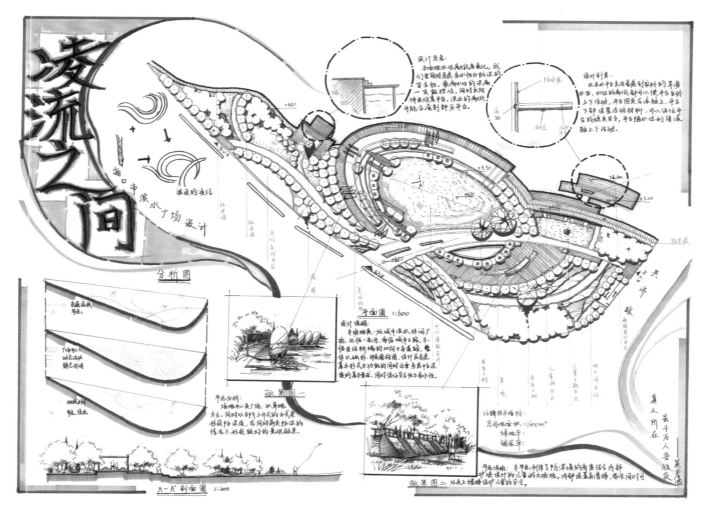

此方案采用大尺度弧形构图,空间划分清晰,不同功能区域的衔接流畅,道路分级合理。主节点通过大面积的阳光草坪突出滨水休闲广场的特点,满足了游客集散的需求。场地布局既有规律又有变化,方案的逻辑性较强。

此方案色彩淡雅,线条干净,版面美观整洁。剖面图可增加设计高度的标注。

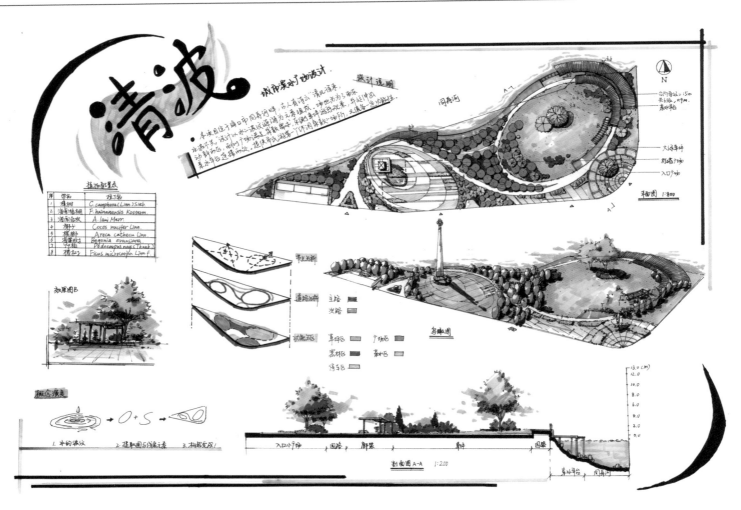

此方案遵循了场地肌理，空间尺度把控得较好。以曲线形道路设计衔接主次节点，植物配置疏密有致。但空间景观细节的设置较为单调，还应丰富细节内容。停车场与场地的融合性不强，滨水驳岸的设计还可进一步丰富。

此方案版面整洁舒适，灰色调的马克笔表达丰富，画面内容详细规范，但仍需在平面图的设计上下功夫。

真题九：酒店绿地景观设计

场地为北方某山地宾馆内庭院，地势北高南低，高差 3m，院内不设停车场，便于内部连通。场地北侧为住宿建筑，南侧为茶室和会议室，主入口在东南角，场地东侧是道路。

要求：

1. 总平面图一张。

2. 剖立面图 1~2 张。

3. 节点详图 1 张。

4. 分析图若干。

5. 表现图若干。

6. 设计说明。

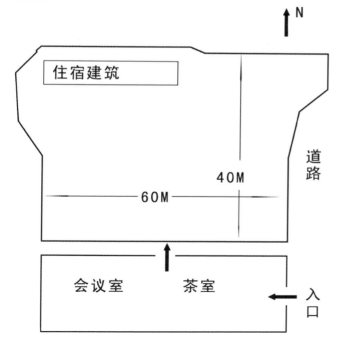

真题解析：

关键词：北方山地宾馆、内庭院、北高南低、高差 3m。

解读：现代酒店绿地景观设计给使用者提供了室外休闲、娱乐的空间，是室内空间到室外空间的过渡，需通过景观设计让使用者在酒店外部感受到空间的延展和变化。在设计方案时不仅要注重平面构图和功能分区，还应考虑竖向空间的立体层次，营造幽雅的高品质环境，达到酒店绿地与酒店建筑的相辅相成，使绿地成为酒店人文内涵的延续。

本题中，宾馆内庭院坐落在北方地区，且高差相差较大。在交通系统上应力求通畅、实用，并适当加入景观小品。植物种植应体现北方特色，重视植物景观对酒店绿地环境的营造作用。场地南侧为茶室和会议室，在设计时应做好与此类建筑的功能衔接。东侧可通过景观与道路系统做适当的隔离，北侧住宿建筑旁的景观应满足此处人们的潜在使用需求。在明确各部分功能性的同时，需要通过自身的设计做到景观绿地的协调统一。

景观空间序列作为酒店绿地的一个重要内容，在本题中体现为从东南侧主入口进院之后到游玩全院，需要有景观空间序列的起伏变化，达到步移景异的效果，让酒店绿地成为酒店建筑外围的点睛之笔。

此方案内部各部分场地功能明确，以中心地区水景和草坪为主景观。道路交通系统清晰，对游路周边的景观做了详细的设计。场地内部节点设计细节丰富，使用者参与感强。但 3m 的地形高差处理有点薄弱，可考虑利用地形高差营造更丰富的竖向景观效果。

此方案采用黑白线稿加单色水景表现，简单高效，整体效果较好，但还需增加必要的文字说明、指北针及比例尺。

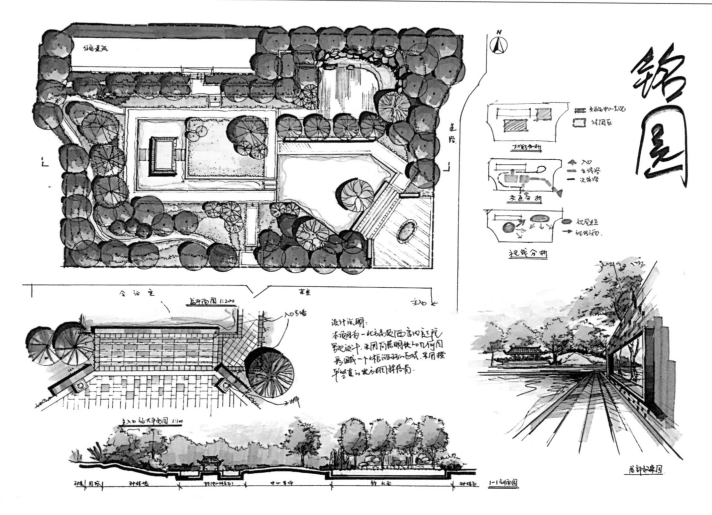

　　此方案道路系统清晰，空间划分明确，通过水景设计引导人流，创造了多种体验效果。稍感不足的是建筑周边绿地的设计稍显单调，没有区分不同建筑性质周边景观，住宿建筑周边的乔木应注意与建筑留有适当距离。

　　此方案色彩表现较好，整体版面紧凑，节点平面图表现细致，但乔木暗部过重，遮住了树下的细节。

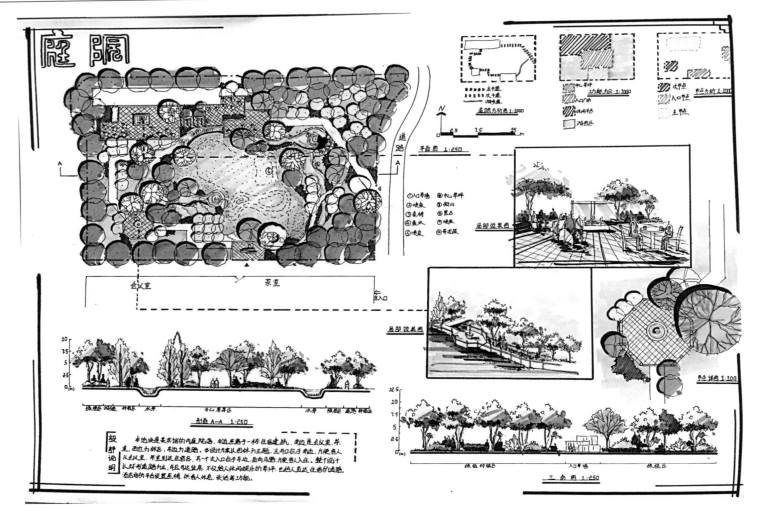

此方案以大面积阳光草坪为景观的主节点，在茶室与住宿建筑之间起到了很好的视线引导效果。景观丰富多样、空间开合多变，使人们体验感丰富。酒店绿地景观以户外交流为主，功能互补。重点通过水溪和植物来营造景观，不同色彩、不同质感的植物形成了材质和肌理的变化，使得庭院更加生动。

此方案总体表现较好，色彩淡雅协调，效果图较好地表现了竖向设计内容。

真题十：小区组团绿地景观设计

场地位于西安市雁塔区东南方向文曲路以北、尚乐路以西，规划占地面积22493m²，居住建筑均为2~3层连体或单体建筑形式，规划定位为中高档花园居住小区。周围全部为居住环境，尺寸标注、图纸比例、指北针等如图所示。

要求：

1. 以"紫薇天长"为主题进行环境景观设计。

2. 完成至少2处景观节点效果图。

3. 完成不少于350字的简要设计说明。

4. 使用设计者所熟悉的区域植物品种进行植物景观设计。

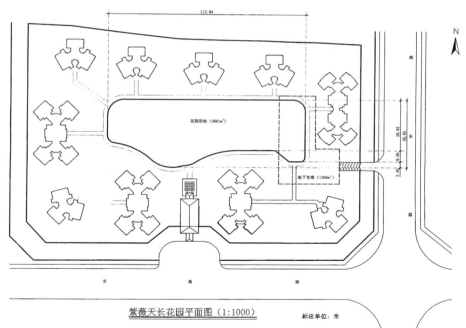

紫薇天长花园平面图（1:1000）　　标注单位：米

真题解析：

关键词：中高档花园、小区绿地、主题概念设计、植物设计。

解读：居住小区组团绿地作为居民集体使用的户外活动空间，是邻里交往、儿童游戏、老人聚集等居民行为的主要场所。通过丰富的空间形式和景观内容，创造富有生命力的室外环境，是设计要点。水景、活动设施、植物配置等内容都可作为小区组团绿地的主要设计元素。在小区组团绿地景观设计中，还应该注重使用者的参与性，根据不同使用者的实际需求来划分空间。此外，残疾人的需求也是小区设计不可忽视的内容。

该小区坐落在西安市，在方案主题挖掘和植物景观设计上均可考虑结合当地的特色，体现本土地域特征。主入口处应具有标示性，同时留出足够的空间来满足人们集散的需求，消防出入口可弱化处理。注意地下停车场上方范围不宜设计大体量景观小品，也不宜种植大乔木。项目规划定位为中高档花园式居住小区，故内部设计应注意景观的高品质，以符合居民的身份特征。

在小区植物设计中，应考虑与建筑的隔音需求、绿墙植物的防火需求，以及植物后期的维护管理，达到小区基本绿化标准。地下停车场上方还应注意不可种植深根系植物和大体量的乔木。道路系统应满足居民日常基本需求，避免设计"迷宫式"道路，保证归家的便捷性。交通设计要考虑到消防通道的需求，留出足够的道路宽度，并设计消防登高面。

此方案结合时下流行的新中式小区设计风格，将中国古典园林的要素引入小区组团绿地，提升了小区景观的品质。多层次的交通体系，创造了不同的体验效果。主节点位置设置合理，能够利用微地形的设计营造出丰富的空间效果。

此方案整体表现较好，线条运用熟练，能够借助色彩表现呼应设计主题，用色简练而有吸引力，重点突出，但是平面图还需明确周边环境。

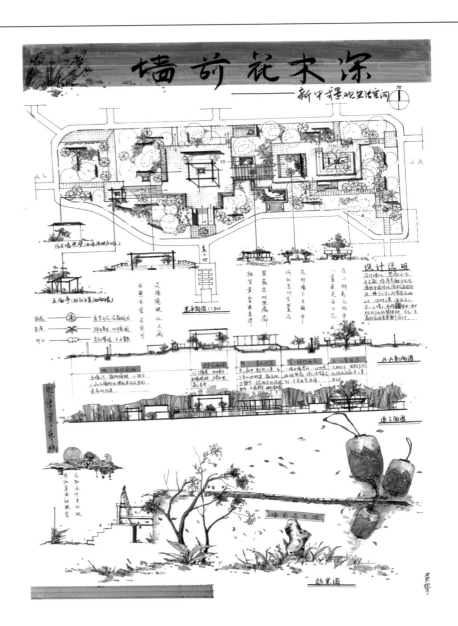

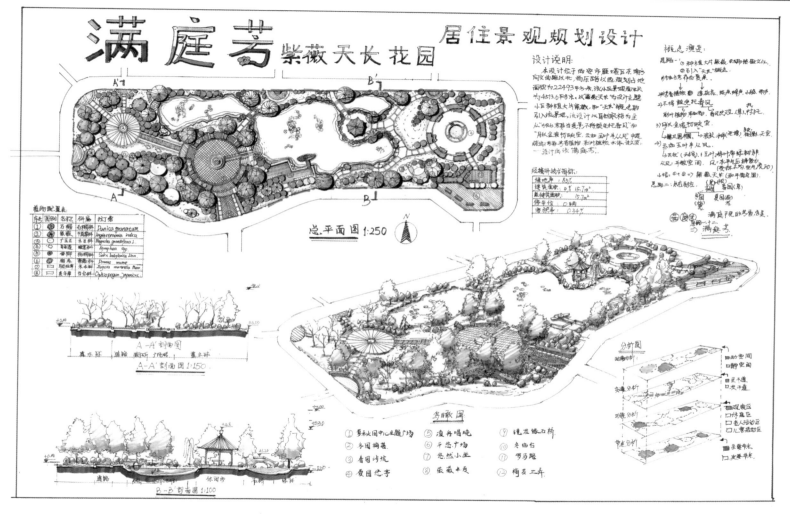

此方案内部组团绿地内容丰富，形式构图简约统一，场地与绿地联系紧密，水体和植物的设计增加了环境的艺术气息。但绿化和水体面积偏大，整体方案更像公园的设计内容而非居住区绿地内容。对尺度的把握稍有偏差，场地面积理解偏差较大。

色彩淡雅清新，通过简单的色彩和细腻的线条来表现绿地景观内容，主次分明，主体突出，若能进一步明确周边建筑性质则更完整。

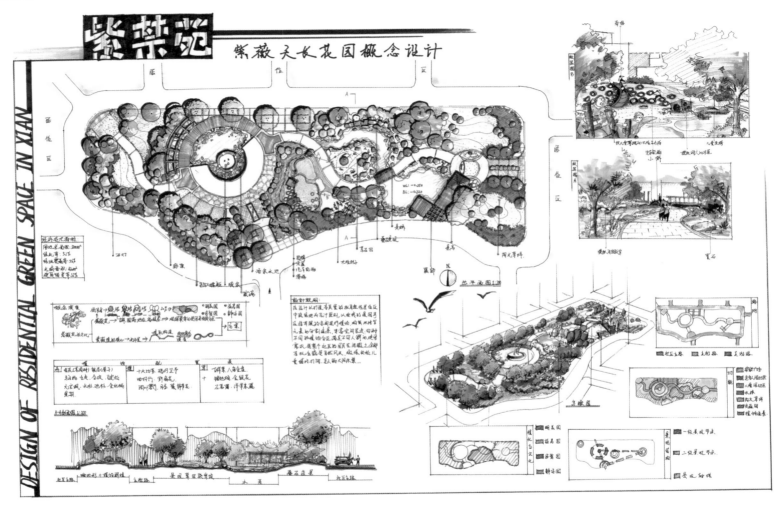

　　此方案主节点景观完整，整体性强，较好地处理了人工水景与整个组团绿地的关系，滨水设计较具特色，植物设计内容较好。对花园式小区主题的理解较准确，内部交通基本能够满足日常使用需求。

　　此方案线条表达细腻，马克笔运用娴熟，分析图和设计构思表达得较为清楚。

真题十一：校园休闲活动绿地景观设计

岭南某综合大学结合校庆进行校园优化设计，拟将校园景观大道一端的湖畔用地改造为校园的休闲活动场地。用地西面临湖，北面为教学楼群，东面是校园景观大道，南面为湖畔草地。设计用地地形较为规整，面积约为 21600m²（含水面面积约 3200m²）。湖面常水位标高为 2.2m，丰水期最高水位为 2.9m，湖畔用地平均标高为 3.5m。

要求：

1. 总平面规划设计。设计应体现校园景观特点与岭南地域特色，不考虑人工水景，可适当调整用地沿湖岸线，铺装面积控制在总用地面积的 40%，场地主入口部分预留 6~8 辆小汽车临时停车场地。

2. 游船码头区设计。设置休闲观景建筑规模约为 300m²，风格不限，层数 1~2 层，构建筑物悬挑水面部分不超过构建筑物投影面积的 1/3。

3. 外部场地设计。结合校园的休闲活动设置必要的室外活动场地，场地竖向空间需考虑用地与周边地形的衔接。

4. 植物种植设计。总平面图要对场地进行绿化种植设计。

真题解析：

关键词：校园景观、湖畔绿地、岭南特色、建筑设计。

解读：校园休闲绿地不同于其他性质的绿地，它需要用园林创造出具有鲜明时代特色和校园特征的景观，展现历史文脉和现代文明的交织，为师生提供学习、研究、工作、生活的场所，以人为本和人文气息是高校绿地独具的"场所精神"。题中校园绿地定位在岭南地区校园景观大道的湖畔，作为滨水校园绿地，在满足校园景观的基本功能之外，还应满足滨水绿地景观的特殊性，兼顾景观和生态需求。滨水驳岸也是需注意的要点，可考虑适当更改驳岸线来满足设计要求。游船码头、休闲观景建筑与景观的结合，也要纳入整体方案规划中。

场地地形规整，地势高差起伏不大，如何结合周边报告厅、实验楼、草地的不同用地性质，是需要设计者思考的内容。北侧作为教学实验楼区，更多是为师生提供快速上下课的交通需求，以及满足课余期间短暂停留的需要；而东侧为报告厅和运动场，周围应设置硬质场地以满足人流集散的需要。南侧为草地，西侧为西湖，可主要考虑引入休闲景观。此外，题中已告知该岭南校园需结合校庆主题，则考查设计者如何辅以具有鲜明特色的校园文化，来营造生机勃勃的高校绿地景观。

基于大多数设计者对校园生活有较深入的理解，可以通过切身感受来考虑高校绿地设计的使用价值和精神需求。（参考案例：中国美院象山校区、瑞典 Uema 大学）

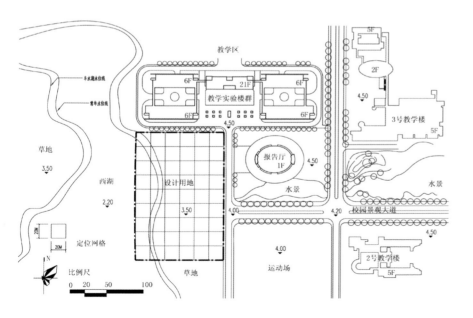

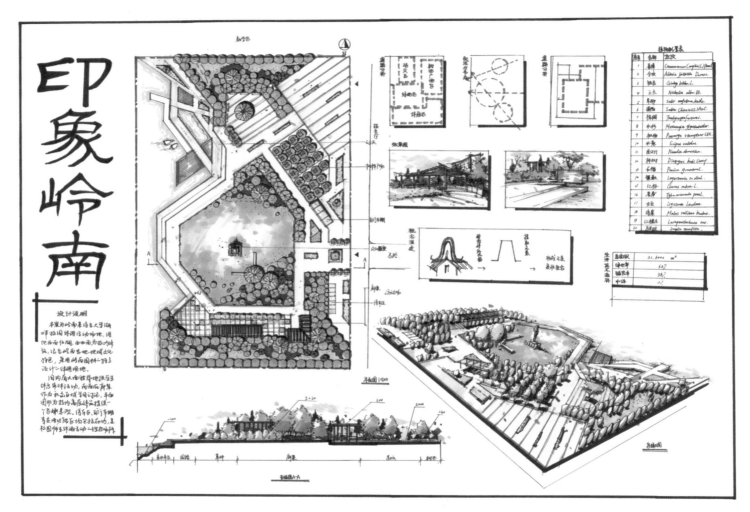

此方案使用折线型构图来设计校园休闲空间，空间划分明确，功能区分清晰，停车场位置设计合理。滨水驳岸设计全部采用硬质化处理，稍显呆板，应增加植物以满足景观的生态性，中心的阳光草地还可加入微地形景观。场地内部稍显单调，还应增加景观小品。

此方案采用马克笔上色，淡雅美观，版面紧凑有序，主题反映了岭南地域的文化特色，剖面图与鸟瞰图表达准确。

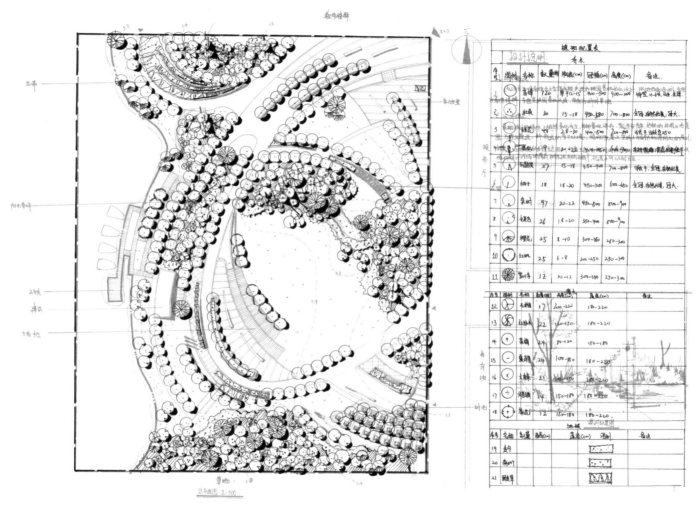

此方案采用大手笔弧形构图，手法娴熟老练，场地设计完整，整体性强。结合了不同用地性质的绿地以满足师生的行为需求，主次清晰，景观小品丰富，建筑布局合理。场地植物设计细致丰富，微地形与景观结合较好。

此方案的黑白单色画面干净整洁，平面图细节丰富，可适当增加景观细节以丰富场地空间。

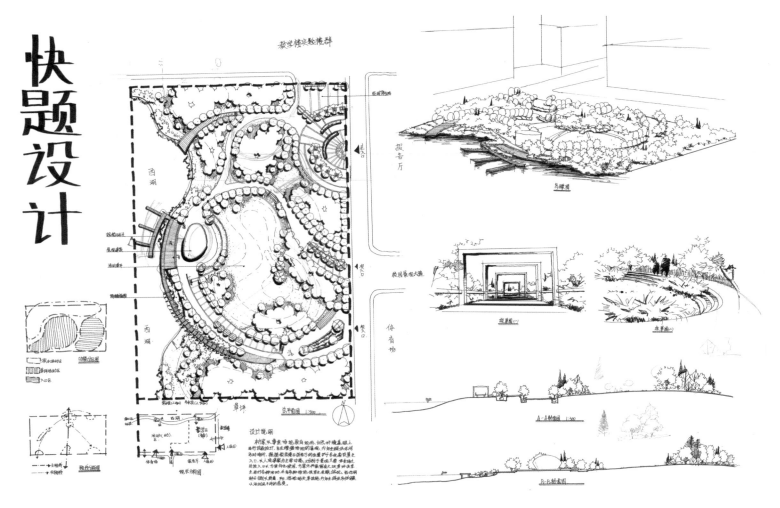

快题设计

此方案的校园绿地通过主道路联结主次节点，对不同场地用地性质理解准确，滨水驳岸处理丰富。道路、节点、建筑、主次入口形成了一个有序的整体，滨水空间的处理较丰富，但空间整体性不强。基于安全因素考虑，停车场位置可适当偏离道路拐弯处以保证安全。

竖向空间设计可增加文字说明与标注。效果图选取角度过于简单，还需增加设计主题。